Formula 1 Tecnica 2018

ANTONIO GRANATO

ANTONIO GRANATO

FORMULA 1 TECNICA 2018

Copyright © 2018 Antonio Granato

Tutti i diritti riservati.

Codice ISBN:9781730968860
ISBN-13:

ANTONIO GRANATO

DEDICA

Ai miei figli per tutto il tempo che sottraggo loro quando, a causa di imprevisti, impiego più tempo per completare articoli e disegni.

CONTENUTI

	Ringraziamenti	9
	Prefazione	10
	Introduzione	14
1	La stagione 2018	18
2	La Ferrari SF71H	21
3	La Sauber Alfa Romeo C37	28
4	Gli interassi 2018	34
5	I motivi del passo lungo Mercedes	39
6	Il peso di 1000 CV	45
7	La riduzione della batteria Mercedes	52
8	Le modifiche sulle auto prima di Monaco	56
9	L'arma segreta della Mercedes W09	61
10	Mercedes e Ferrari alla pausa estiva	67
11	Rake e anti-rake	73
12	L'assetto rake della Red Bull	79
13	Il piezoelettrico	88
14	Renault quarta forza mondiale	93
15	Mancanza di sorpassi?	99

16	Pesi e bilanciamento nel 2019	104
17	Le modifiche tecniche del 2019	112
18	Le modifiche al DRS	121
19	I cerchi forati - parte 1 -	125
20	I cerchi forati - parte 2 –	131
21	Fondi sperimentali 2019	135

ANTONIO GRANATO

RINGRAZIAMENTI

A tutti coloro che mi hanno spronato, incoraggiato e mi hanno dato una possibilità.

A Fabiano Vandone, colui che per primo ha creduto in me.

Ad Andrea Cordovani che mi ha dato spazio in un giornale storico, e per me speciale, come Autosprint.

A tutti i miei lettori che con interesse mi seguono e mi chiedono approfondimenti su alcune tematiche specifiche.
Ma anche alla mia testardaggine, al mio il coraggio di mettermi in gioco e la perseveranza nell'inseguire i miei obiettivi professionali e i miei sogni.

Prefazione

Formula 1: Quanti sono gli appassionati che riescono ancora a capirla e riuscire a non perdersi nei regolamenti, a capire un passo lungo e un passo corto, un flusso aerodinamico e le sue interazioni con altri componenti? Quanti comprendono fino in fondo il significato di un assetto rake miscelato a resistenza ed efficienza nell'avanzamento?

Oggi tecnologia ed aerodinamica la fanno da padrone. Antonio Granato, come già dimostrato nel libro, "Aeroplani e Formula 1", con la sua esperienza con la Vandone Film e con le tavole che settimanalmente pubblica su Autosprint, sa leggere alla perfezione il livello avanzato di sofisticazione e la complessità delle vetture attuali, sapendo cogliere le correlazioni tra i diversi elementi e discernere gli effetti dalle cause.

Il tutto con un bel tocco nel disegno, che riesce a rendere visibile e comprensibile ancor di più la sua spiegazione.

Antonio, compagno di tante avventure giornalistiche, ha il grande pregio dell'intuito, quella dote innata che permette di saper vedere oltre le apparenze; riesce inoltre a non farsi condizionare dal pensiero dominante e a non seguire la via più facile e scontata per capire le cose. Non a caso Autosprint gli ha affidato la copertina in cui veniva anticipata la Ferrari SF 71H, e la vettura disegnata era davvero molto simile a quella della presentazione ufficiale. Un risultato ottenuto senza infiltrati e gole profonde, ma solo con la capacità di raccogliere le giuste informazioni ed elaborare le conoscenze possedute e saper guardare avanti.

Antonio oltre alla grande abilità nel disegno, a cui dedica ore proficue, ha la grande dote di saper divulgare, di rendere semplice la complessità, di far capire a tutti concetti impegnativi come quelli che caratterizzano la tecnologia delle Formula 1 attuali; inoltre sa far appassionare alle tecnica e sa farsi apprezzare anche dai vecchi cultori del motorsport che spesso non amano le esasperazioni aerodinamiche di oggi.

A tal proposito, vi consiglio di cercare su YouTube la ua spiegazione dell'evoluzione delle monoposto di Formula 1 nei diversi decenni, fatta al Minardi Day lo scorso mese di maggio. Il commento che ho sentito e letto è: "Bravo, chissà quanto tempo ha impiegato per prepararsi". Ero lì e, in quanto amico e collega, Antonio mi ha confidato che aveva improvvisato. E una cosa del genere la fai, con un microfono ed una telecamera, solo se sei padrone assoluto della materia. Chapeau!

Nel libro sono raccolte, in maniera intelligente ed armonica, tecnica e sviluppi di Ferrari, Mercedes e Red Bull durante la stagione 2018, attraverso una focalizzazione su come le scuderie hanno lavorato per evidenziare i punti di forza, colmare i punti deboli per cercare sempre il massimo della competitività e colmare i gap con gli avversari.

Nel testo ci sono anche anticipazioni per il 2019 che, conoscendo l'autore, sono sicuro che troveranno un riscontro

nelle monoposto che verranno presentate poi ad inizio anno. Per me è un onore poter scrivere questa prefazione ad un libro di un amico e collega che stimo e che, in un momento in cui molti seguono il flusso del pensiero dominante, ha il grande pregio dell'onestà intellettuale e della competenza tecnica, unita ad una passione incredibile.
Buona lettura!

Giulio Scaccia
Giornalista e redattore di F1sport.it

FORMULA 1 TECNICA 2018

INTRODUZIONE

Quando cominciai la mia avventura di analista tecnico di Formula 1 nel mondo della comunicazione digitale, una collega, emersa anche lei grazie al web, una volta mi suggerì di raccogliere i miei articoli e le mie analisi in una pubblicazione che racchiudesse tutto il lavoro svolto in quella stagione. L'idea mi è sempre piaciuta, ed ho tenuto in "un cassetto" il suggerimento, nell'attesa di comprendere anche meglio i meccanismi del mondo dell'editoria digitale e cartacea. Oggi - dopo aver pubblicato nel 2014 il mio primo libro "Aeroplani e Formula 1" e dopo aver curato la pubblicazione, insieme ai cari amici e colleghi di F1Sport.it, di "Storie dal Mondo della Formula 1" e "L'Alfa Romeo in Formula1" - credo sia arrivato il momento di tirar fuori quell'idea dal "cassetto". Dopo essermi consigliato con Giulio Scaccia, compagno di tante iniziative professionali nel mondo della comunicazione digitale, cartacea e radiofonica, mi sono messo al lavoro per realizzare questa pubblicazione che raccoglie i temi più importanti del 2018 da me trattati sulle varie testate su cui scrivo.

Questo testo vuole portare all'attenzione, attraverso gli articoli prodotti quest'anno, quegli aspetti fondamentali che hanno caratterizzato la stagione appena conclusa e che probabilmente influenzeranno la prossima ventura.

Introducendo con delle breve note quanto scritto nel 2018 e senza modificare i contenuti, vorrei ripercorrere quanto accaduto e spiegare in che modo si è arrivati ad alcune scelte e modifiche regolamentari, dietro cui, a volte, si nascondo strategie politiche con lo scopo di mettere in difficoltà un avversario o per limitarne lo sfruttamento di una determinata soluzione tecnica che non si riesce o non si vuole replicare.

Lo scopo principale di questo testo è divulgare un modello di analisi che non si vuole fermare, in modo autolimitante, alla spiegazione della variazione dimensionale di un'aletta o di una fiancata della vettura, ma vuole andare oltre e vedere cosa muove alcune scelte e cosa comportano, nella pratica, tali variazioni. Vedere come queste possano influire sul bilanciamento di una monoposto, a quali altre scelte può portare ed in che modo i piloti possono adattarsi o meno ai diversi scenari.

In questo mio percorso, lungo un anno, non sono mancate ricerche di informazioni e confronti con Ingegneri ancora addentro alle dinamiche di questo mondo complesso della F1 ed altri ormai fuoriusciti dall'ambiente, forse quest'ultimi anche più liberi di parlare ed esprime i loro pareri. Molte intuizioni sono invece scaturite grazie ad alcune confidenze "fuori onda" con altri colleghi o tecnici, oppure riascoltando semplicemente le interviste realizzate per Pit Talk, il mio programma radiofonico, che mi hanno fornito chiavi interpretative e aiutato a comporre il mosaico di scelte che a volte appaiono non immediatamente comprensibili.

FORMULA 1 TECNICA 2018

1 LA STAGIONE 2018

Una stagione che regala il quinto titolo consecutivo alla Mercedes e che consente ad Hamilton di raggiungere "quota" cinque titoli iridati come il grande Juan Manuel Fangio.

Come lo scorso anno, la sfida è stata tra Mercedes e Ferrari che si sono date battaglia ad armi pari con performance che, tra le due squadre, potevano variare di poco ad ogni GP a seconda delle conformazioni tecniche del tracciato su cui si correva.

A far pendere l'ago della bilancia dalla parte dei tedeschi forse è stata la capacità del proprio pilota Lewis Hamilton di non commettere mai errori e capitalizzare ad ogni GP il massimo ottenibile dalla macchina in quel momento. Al contrario Vettel sulla Ferrari ha commesso troppi errori, buttando via punti preziosi nel momento in cui le frecce d'argento non reggevano il passo della macchina di Maranello.

E' anche vero che, in Ferrari quest'anno, nel momento chiave della stagione, è stato compiuto un passo falso e forse si è risentito della prematura scomparsa del Dott. Marchionne. Il Manager aveva infatti, dato un assetto orizzontale all'organizzazione interna, insolita per un team di Formula 1, e probabilmente solo lui sapeva gestirla e risolverne le dispute, sempre presenti, tra i vari reparti.

E' innegabile, però, che se si fossero capitalizzati, nel momento opportuno, parte di quei punti conquistabili in talune situazioni, (vedi in Germania, in Italia e in altre occasioni) si sarebbe potuto vedere un mondiale in bilico almeno fino all'ultima gara.

POLEMICHE:

Tante polemiche, forse troppe. Continui sospetti che un team sollevava nei confronti dell'avversario riguardo presunte irregolarità sulla vettura. Si è cominciato dal fumo che fuorisciva dagli scarichi della Ferrari in fase di accensione o in alcuni momenti durante i giri in pista. Si è passati poi a contestare, sempre alla squadra italiana, un presunto uso irregolare della batteria. Infine si è passati a contestazioni informali alla Federazione della Ferrari riguardo i cerchi forati utilizzati dalla Mercedes nel finale di stagione.

Polemiche forse che sono anche figlie di un campionato tiratissimo e che, per la prima volta dopo tanti anni, hanno visto la Mercedes non essere più la squadra incontrastata che dominava le stagione sin dalla nascita dell'era ibrida. Entrambi i team si sono dati battaglia, non solo in pista, ma anche fuori con colpi indiretti e pressioni politiche, come vedremo nei capitoli successivi, già dal 2017 per approvare una regola o un'altra a seconda delle convenienze tecniche.

Tutto fa credere che anche il 2019 sarà così e che la stagione prossima continuerà ad essere costellata da sfide e polemiche a volte anche esagerate per mettere in difficoltà l'avversario diretto. D'altronde gli interessi economici in ballo sono altissimi a cui si aggiungono le ambizioni personali degli uomini che compongono i team innalzando la competizione a livelli di pressione psicologica che solo questo sport sa toccare e che rende tutto estremo ed unico.

ANTONIO GRANATO

2 La Ferrari sf71h

La Ferrari si presentava per la stagione 2018 come il team, finalmente, in grado di battagliare ad armi pari con la Mercedes e portare a Maranello quel titolo iridato che comincia a mancare da un po' troppi anni.

Già dai primi mesi del 2018 si susseguivano, quindi, indiscrezioni su come potesse essere la nuova monoposto di cui ancora neanche se ne conosceva la sigla.

Grazie ad alcune indiscrezioni raccolte nei mesi precedenti si era riusciti a riscostruire in che modo la nuova monoposto sarebbe stata modificata ed in quali aeree i tecnici di Maranello sarebbero intervenuti. Le anticipazioni più precise sicuramente furono quelle riguardanti la modifica delle fiancate e l'aggiustamento della lunghezza del passo. Anticipazioni che furono premiate con una prima pagina sul n°2 del 2018 di Autosprint.

Sospensioni Ferrari: Anche in questo pre-stagione 2018 una particolare attenzione è rivolta ai sistemi sospensivi anteriori che i team stanno progettando per le loro monoposto. Lo scorso anno, in questo stesso periodo, fu combattuta, una vera è propria battaglia a colpi di mail per chiarire la legalità, o meno, di certi comportamenti cinetici sospensivi. Fu la Ferrari per prima a richiedere chiarimenti alla FIA, che a sua volta ribadì come i movimenti non lineari di compressione e rilascio degli ammortizzatori non potessero essere ritenuti regolari, tanto che Mercedes e Red Bull dovettero, in modo parziale, rivedere i loro sistemi lasciando, però, alcuni dubbi sull'eliminazione effettiva di certi movimenti "controllati".

Quest'anno, invece, ad essere stata colpita da un chiarimento tecnico FIA è stata la Ferrari a cui è stato precisato che una variazione d'altezza superiore ai 5mm dell'asse anteriore in fase di sterzata, rispetto alla posizione neutra del volante, non sarà più consentita. La Rossa, infatti, aveva trovato il modo, grazie ad un ingegnoso cinematismo, di abbassare l'anteriore della vettura durante la percorrenza delle curve, in modo da incrementare il carico e diminuire il sottosterzo sia nei curvoni veloci e, in particolar modo, nelle curve più strette. La Ferrari, quindi ha dovuto per forza rivedere, a quanto pare senza troppe difficoltà, il suo sistema sospensivo, modifica che, di fatto, potrebbe ridurre l'efficacia prevista della vettura 2018 nelle curve medio lente.

Motore: E' ormai evidente come le chiavi del successo Mercedes siano, ancora una volta, da ricercare nell'efficienza del suo motore. A confermarlo, il fatto che nel 2017, proprio nel momento in cui la Ferrari ha ricercato qualche CV in più, nel tentativo di chiudere il gap con le frecce d'argento, sono emerse tutte le difficoltà affidabilistiche ed i limiti stessi del propulsore di Maranello.

Per il 2018 sono in arrivo modifiche ed interventi che dovrebbero risolvere, prima di tutto i guai di affidabilità patiti dalla parte di sovralimentazione, e poi incrementare e massimizzare l'efficienza della PU grazie ad aggiornamenti alla turbina e al software di gestione del sistema di recupero energetico.

Subirà, ancora una volta modifiche il radiatore dell'ERS, già rivisto nel finale di stagione, il quale verrà nuovamente modificato (maggiorato) e spostato leggermente più in avanti rispetto alla posizione in cui era stato allocato sulla SF70H.

Fiancate e radiatori: Altra zona sensibile che verrà rivista sarà quella delle fiancate che ospitano i radiatori motore. Subiranno modifiche le bocche d'ingresso e la zona bassa delle pance. A quanto sembra il progetto 669 prevede che le bocche delle pance diventino meno sottili rispetto e più ampie in altezza rispetto alla SF70H. Ad essere maggiormente riviste, in realtà, saranno i convogliatori delle pance che verranno quindi ristrette lateralmente e ampliate con un incremento dell'apertura verso il basso. Abbassamento previsto anche per l'intero complesso della bocca che verrà posizionata di poco più in basso in modo da favorire una diminuzione della resistenza all'avanzamento che delle pance alte come quelle del progetto dello scorso anno producevano.

Passo: Come vi abbiamo già parlato nei numeri precedenti, il passo lungo Mercedes ha portato, al team di Barkley, più vantaggi che svantaggi tant'è che anche la Ferrari si appresta ad allungare un poco l'interasse della sua nuova monoposto. Errato, però, parlare di passo lungo, sarà, infatti, una Rossa con il passo, certamente superiore a quello della SF70H, ma senza esagerazioni e non raggiungerà certamente la quota d'interasse della Mercedes. Sarebbe forse più corretto parlare di un mantenimento del passo corto più che di una 669 a passo lungo. Uno dei punti di forza della vettura del 2017 era proprio la sua agilità e guidabilità. Nei tracciati più tortuosi abbiamo visto come la Rossa fosse sempre a suo agio e molto performante, qualità che non si vogliono perdere per avventurarsi su terreni si proficui ma anche insidiosi e che non a caso hanno messo in difficoltà per buona parte del campionato anche la Mercedes.

Pinna e T-Wing: Sulla Ferrari progetto 669 non saranno presenti, ovviamente, né la pinna sulla dorsale del cofano, né il t-wing. Dopo la modifica del regolamento tecnico, deciso in accordo con i team, dal 2018 scompariranno queste appendici aerodinamiche che miglioravano i flussi in arrivo al posteriore e l'efficacia dell'ala con un incremento di carico non poco trascurabile.

FORMULA 1 TECNICA 2018

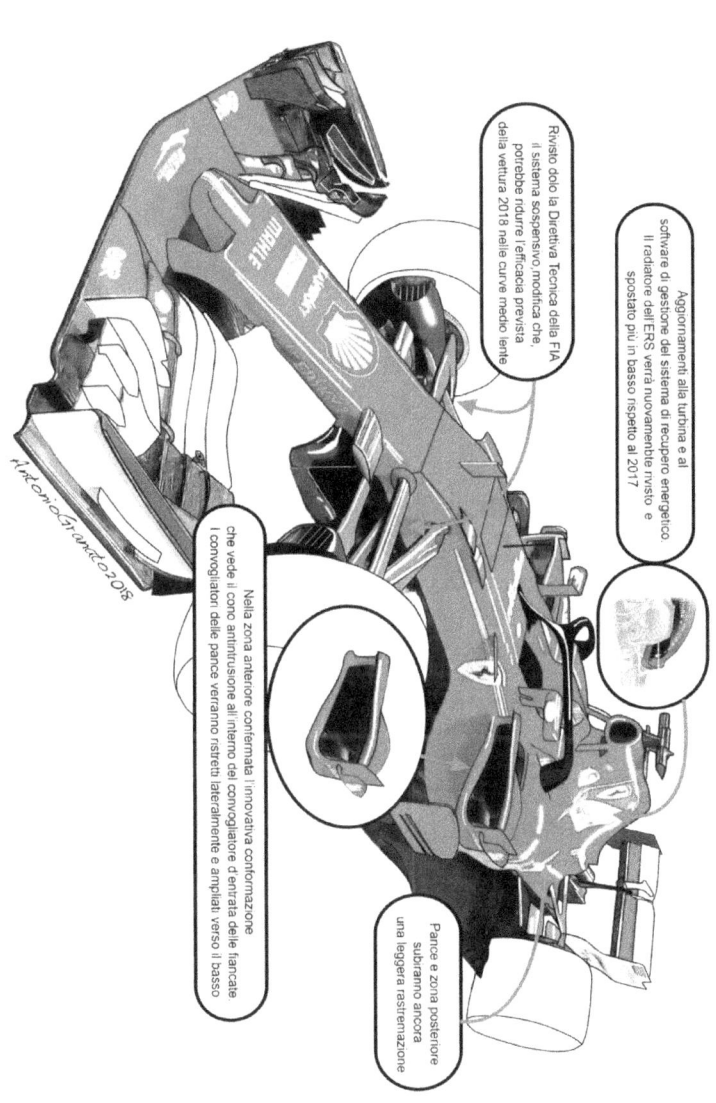

3 LA SAUBER ALFA ROMEO C37

Il richiamo del marchio Alfa Romeo per tutti gli appassionati e per gli amanti della casa del "Biscione" è stato indubbiamente forte. Già da qualche anno il solo marchio appariva come preludio di un "ritorno" sulle monoposto della Ferrari. Poi la decisione di Sergio Marchionne di aumentare la "presenza" del marchio Alfa in Formula 1 dando vita ad un'operazione di marketing più ampia ha creato l'illusione di un rientro effettivo come costruttore dell'Alfa Romeo in Formula 1. Ovviamente sappiamo che l'Alfa è rientrata nella massima serie solo come brand, forse ad iniziare un percorso che potrà portare alla creazione di una squadra "satellite" come nello stile Red Bull-Toro Rosso. Per il momento, oltre che a scaldare i cuori, rafforza la presenza italiana sfociando con il ritorno in F1 di un pilota italiano e che guiderà quindi una vettura sul cui volante sarà presente il marchio della casa di Arese.

L'Alfa Sauber C37 nasce con delle forme complesse e con alcuni concetti aerodinamici audaci e sofisticati che una volta compreso appieno il loro effetto sulla vettura hanno contribuito in modo efficacie alla vettura di dar vita a delle prestazioni molto positive nel finale di stagione.

La nuovissima Alfa Romeo Sauber si presenta con delle linee aerodinamiche aggressive e per certi aspetti anche molto sofisticate ed elaborate. Ricordiamo che la C37 è stata progettata in una galleria del vento considerata da molti la migliore dell'intero Circus. Disegnata da Jorg Zander – tra i cui collaboratori c'è anche l'italiano Luca Furbatto – la monoposto elvetica si presenta con un musetto anteriore particolare, dotato di due "narici" che vanno a guidare e migliorare lo scorrimento del flusso nella zona inferiore della vettura. Probabile che queste siano direttamente connesse all'S-duct o che possano indirizzare i flussi verso l'inlet del condotto ad "S". Sotto le due "narici", nella zona dell'ala neutra, trova spazio una sezione che aumenta la portata d'aria nella parte bassa della vettura.

Modificate le sospensioni anteriori a cui è stato aggiunto il pivot per alzare il triangolo superiore in modo da non disturbare i flussi diretti verso le bocche delle pance che ospitano i radiatori motore. Soluzione, ispirata alla Mercedes W07 del 2017 e che sta facendo scuola tra i vari team.

Come ha fatto scuola anche la soluzione dell'arretramento delle pance laterali, vista per la prima volta sulla Ferrari SF70H lo scorso anno, e che ha trovato, appunto, applicazione anche sulla Alfa Romeo-Sauber. In questo modo il cono antintrusione viene utilizzato come se fosse un vero e proprio dispositivo aerodinamico e sorregge un altro profilo superiore allo scopo di migliorare lo scorrimento dell'aria sopra le fiancate della vettura. Modifica che permette di ottenere un ingombro complessivo minore della vettura e allontana l'ingresso delle pance dalle turbolenze negative generate dalle gomme anteriori.

Pance complesse, quelle della Sauber, che prevedono, oltre ad una forma delle bocche d'ingresso particolare, non molto ampie – sviluppate in verticale e non in orizzontale come fatto da molti – a cui però vanno sommate delle prese d'aria aggiuntive sopra i tradizionali inlet dei radiatori che aumentano la quantità d'aria in ingresso. Questo dovrebbe permettere alla monoposto di mantenere un'elevata efficienza aerodinamica e limitare quindi il drag.

Ai lati delle pance, i deflettori laterali, divisi in tre elementi e leggermente svergolati che si uniscono ai profili superiori e al cono antintrusione.

L'Halo mostra già un profilo di correzione dei flussi, che in parte ricorda quelli visti negli ultimi test del 2017 sulla McLaren e che con ogni probabilità verrà sviluppato e modificato sin dai primi giorni di prove a Barcellona.

Sofisticato anche l'airbox ricco di prese d'aria su tre livelli, divisi dal grosso pilone centrale del rollbar. Sopra e sotto la presa d'aria principale dell'airscope per l'aspirazione del motore, si trovano altre prese d'aria per il raffreddamento degli accessori interni e dell'ERS.

Osservando poi la dorsale del cofano motore, più indietro, si nota anche un'ulteriore piccola presa d'aria dedicata ad altri componenti interni. Il cofano motore invece appare con delle dimensioni non certamente contenute e, ad una vista laterale, poco sfinato.

L'ala posteriore riprende, invece, la soluzione a doppio pilone di sostegno flap, con archetti superiori - utilizzata dalla Ferrari nell'arco del 2017. Scelta che probabilmente, come nel caso della Rossa, potrà essere intercambiata con la soluzione a mono-pilone e ancoraggio del flap inferiore, a seconda delle caratteristiche dei tracciati.

Osservando posteriormente la C37 si notano delle

generose out-flow del cofano motore per l'evacuazione dell'aria calda dal motore, anche queste, soggette ad ampie variazioni nel corso della stagione per adeguarsi alle esigenze di raffreddamento che cambieranno a seconda delle situazioni climatiche e di velocità del tracciato.

Una vettura sofisticata e che sembra studiata ben studiata aerodinamicamente anche nei minimi particolari ma che da l'impressione di essere, un po' troppo, alla ricerca della massima capacità di raffreddamento, seguendo forse quanto indicatogli dai motoristi Ferrari che le forniranno i Power Unit versione 2018.

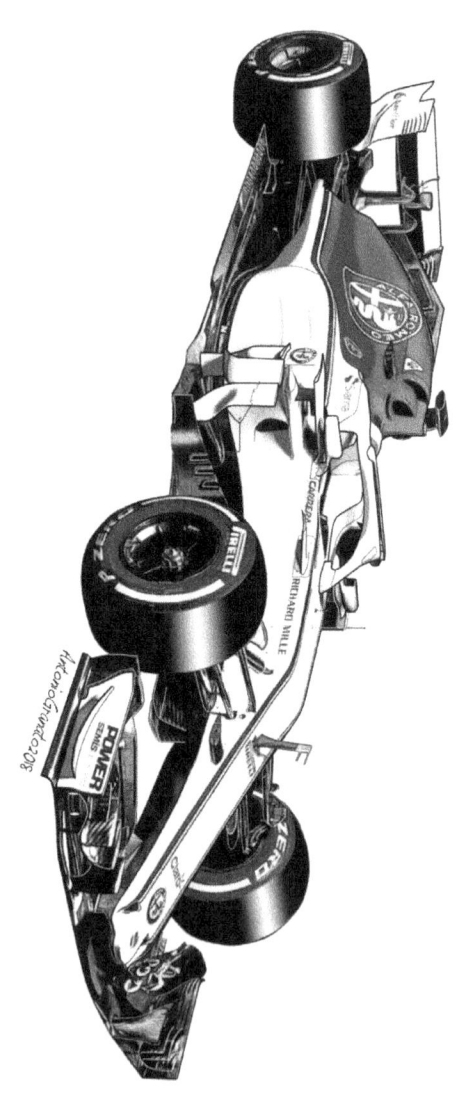

4 GLI INTERASSI 2018

Sin dai primi test l'attenzione di molti addetti ai lavori rivolta verso la verifica delle indiscrezioni riguardo della lunghezza dei passi delle vetture e se ci fosse corrispondenza tra quanto scritto e quanto realmente realizzato dai team.

Si innescò da subito una gara tra alcuni che volevano a tutti i costi dimostrare che quanto da loro riportato fosse vero. Altri invece avevano la presunzione di definire al millimetro la lunghezza dei passi di Ferrari e Mercedes. Si arrivò addirittura a misurare l'interasse della SF71H utilizzando le suole delle proprie scarpe e contando quante di queste servissero per unire alcuni punti di riferimento segnati a terra. Una quantità di misure, tutte diverse tra loro, che non fecero altro che confondere le idee ai lettori e agli appassionati.

Personalmente ho voluto seguire invece un sistema- senza avere la presunzione di precisione assoluta - un poco più scientifico che calcolava il numero dei pixel di un'immagine ad alta definizione e confrontasse poi il numero dei pixel di altre immagini disponibili delle diverse vetture ma riprese dalla stessa posizione e nella stesso punto. Calcoli che ci hanno portato a definire, con una certa approssimazione, le misure di Ferrari e Mercedes, Misurazioni che a fine stagione sono state poi anche confermate anche da altri colleghi che inizialmente avevano fornito dimensioni del tutto difformi.

Come pubblicato su F1Sport.it https://www.f1sport.it/2018/03/ecco-le-possibili-misure-del-passo-

ferrari-mercedes/ le misure smentirono quanto apparso inizialmente su alcuni quotidiani che riferivano di un consistente allungamento del passo della Ferrari. L'allungamento ci fu sicuramente, come dichiarato anche dalla stessa Ferrari, ma in termini decisamente più contenuti e che non hanno di certo stravolto l'assetto di passo della vettura dell'anno precedente.

Molto interesse ha destato in questi giorni l'argomento relativo alla dimensione del passo di Ferrari e Mercedes. Con l'arrivo delle prime foto è possibile effettuare i primi rilevamenti.

Già nei giorni scorsi abbiamo trattato l'argomento della dimensione del passo della SF71H, evidenziando nel nostro focus sulla SF71H come l'interasse della nuova creatura di Maranello, seppur maggiorata – ammesso dallo stesso Binotto – non abbia però subito grosse variazioni.

A subire forse la maggior variazione è la Mercedes che sembra aver accorciato il proprio passo di molti mm – e lo avevamo anticipato qui: https://www.f1sport.it/2018/02/la-ferrari-promette-mercedes-pure-e-red-bull-sorniona/ – in misura maggiore rispetto a quanto fatto dalla Ferrari che invece lo ha allungato.

I tedeschi, infatti, a causa del peso dell'Halo e dell'innalzamento complessivo della vettura sono dovuti intervenire anche sulla dimensione dell'interasse e sulla riduzione di ingombro delle batterie per recuperare peso. Le batterie ricordiamo devono pesare tra un minimo di 20kg e un massimo di 25kg. A quanto si era appreso la Mercedes utilizzava sempre batterie al massimo del peso e con una dimensione generosa. Ora, con l'aggravio di peso è stata obbligata, all'inversione di rotta e questo potrebbe avere avuto grosse ripercussioni sulle performance della power unit. Una batteria di dimensioni maggiori, infatti, mette al riparo dal degrado del pacco stesso e perdite di carico, cosa a cui invece altri team sono andati incontro rimanendo sul peso minimo e con batterie dall'ingombro ridotto. La scelta di batterie più grandi quindi, giustificherebbe anche l'opzione del passo lungo della Mercedes nel 2017 e che nel 2018 invece per questioni peso appunto sarebbe stato ridotto sensibilmente.

Utilizzando due fotografie, inviatoci da nostro Federico Basile, abbiamo provato a realizzare una comparazione, senza la pretesa di indicare con assoluta precisione il passo delle vetture. Ma che vuole però intanto fornire delle indicazioni di massima.

Dai nostri calcoli le dimensioni ricavate sarebbero le seguenti:
Passo Ferrari 3626 mm (+32 mm rispetto al 2017)
Passo Mercedes 3709 mm (-51 mm rispetto al 2017)
L'impressione quindi che l'allungamento del passo della Rossa fosse minimo, rimane confermata, e risulta essere la metà da quanto ipotizzano da più fonti.

E' la Mercedes che invece, come avevamo largamente anticipato, ad aver subito gli interventi più importanti e rilevanti.

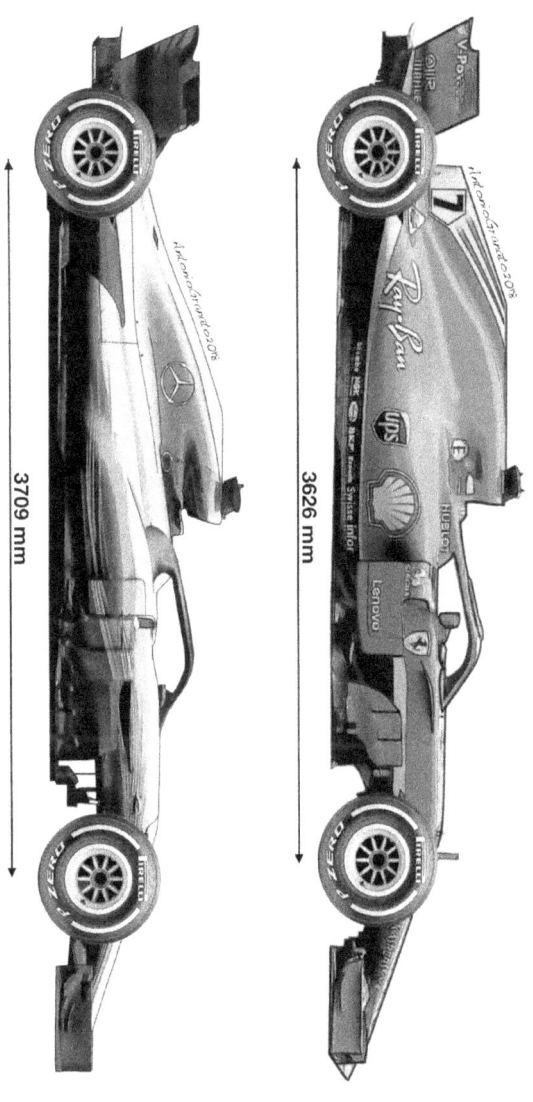

ANTONIO GRANATO

5 I MOTIVI DEL PASSO LUNGO MERCEDES

Secondo quindi quanto calcolato la riduzione del passo Mercedes si sarebbe attestata ad una misura di 3709mm, 51mm in meno rispetto all'anno precedente. Una riduzione che di certo non fa perdere al team tedesco la caratteristica di macchina dotata di passo lungo ma che rivede in parte quanto fatto l'anno precedente per risolvere i problemi che un passo extra-lungo aveva di fatto creato. In questi articoli si sono spiegati i motivi del mantenimento e della riduzione minima del passo "lungo" della W09. Due i motivi: il primo riguardava l'intenzione di non stravolgere l'assetto vincente della macchina 2017 e quindi mantenere una macchina lunga con basso angolo di rake, il secondo – e lo si vedrà nel capitolo successivo – era quello della necessità di avere spazio per alloggiare il pacco batterie di dimensioni maggiori rispetto alla concorrenza.

In genere quando un progetto si è dimostrato vincente, i tecnici tendono a mantenere inalterati alcuni punti cardine del progetto, concentrando il proprio lavoro sulle aree più critiche in modo da migliorare e perfezionare anche ciò che non ha funzionato nel modo prefissato. Questo, a quanto sembra, è quello che farà la Mercedes anche in vista della prossima stagione, puntando sul mantenimento di alcune caratteristiche fondamentali del progetto W08, ovvero: il passo lungo e un basso angolo di rake.

Già durante la stagione 2017 molte voci si erano rincorse riguardo la possibilità che il team di Barkley abbandonasse il passo lungo per tornare ad una distanza più contenuta dell'interasse, con qualcuno che addirittura credeva che un simile intervento di riduzione potesse trovare attuazione anche a stagione in corso. Voci senza fondamento, sia perché non tenevano conto di quanto sia arduo cambiare la dimensione del passo di una vettura nel corso di una stagione, considerando le ripercussioni che questo comporta al livello di bilanciamento e distribuzione dei pesi e sia perché, di fatto, la Mercedes non ha mai minimamente pensato di intervenire su questo aspetto. Se nella prima parte di stagione la Mercedes era parsa in difficoltà nella ricerca del giusto setup – e questo aveva innescato certe voci - ciò è da imputare alla difficoltà nate dal mancato superamento del crash test del musetto della vettura 2017 e il successivo ricorso ad una soluzione di muso "provvisoria", meno sfinata – vedi fig.1 - che non utilizzava il convogliatore a "zanna" sotto la vettura - vedi fig.2 -. Di fatto da Barcellona in poi, una volta disponibile il musetto con cui la W08 era stata pensata e progettata, e grazie al convogliatore basso, buona parte dei problemi iniziali sono svaniti e le frecce d'argento hanno cominciato a "soffrire" sempre meno problemi.

Considerando poi nel complesso dell'intero calendario i vantaggi ottenibili dal passo lungo sono stati maggiori rispetto alle difficoltà patite nei circuiti più tortuosi. I risultati ottenuti sulle piste veloci, dove il passo lungo può aiutare il pilota nella percorrenza di curva hanno confermato quanto di buono c'era nelle scelte progettuali di Costa, il quale non ha voluto seguire la concorrenza neanche sul terreno della ricerca di un rake estremo ma ha preferito puntare su una macchina decisamente meno picchiata circa $0.9°/1.0°$ di angolo rake, contro gli $1.6°$ di Ferrari e Red Bull.

La Mercedes sarebbe quindi orientata al mantenimento dell'attuale misura d'interasse che potrà essere rivista, semmai, in piccola misura per convenienze ed esigenze progettuali di altro tipo, ma che manterrà comunque una dimensione assai rilevante. Anche il tanto discusso assetto rake, non sembra essere a Barkley una priorità dei tecnici che probabilmente amplieranno di qualche decimale l'angolo posteriore, rimanendo pur sempre su valori minimi rispetto a quelli di tutti gli altri team.

A sorprendere invece nel 2018 sarà la potenza del nuovo propulsore, che a quanto si dice, grazie ad un particolare sviluppo della parte elettrica, sia molto vicina al raggiungimento del muro dei 1000 CV. Limite che ovviamente impaurisce la concorrenza ma che dovrà fare i conti con delle problematiche legate all'affidabilità, visto che, l'angusto regolamento tecnico impone l'utilizzo, per la prossima stagione, di sole 3 power units (ben 7 GP a motore!). Se tali potenze, quindi, saranno raggiungibili, verranno erogate solo per pochissime occasioni e per tempi limitati in modo da ridurre il rischio che si possano manifestare rotture premature delle unità motrici. Resta ovviamente il fatto che qualora servisse un surplus di potenza, basterà premere l'apposito pulsante "magico."

Si punta quindi anche nel 2018 ad un'elevata efficienza aerodinamica che abbinata alla straordinaria efficienza del suo motore ha permesso alle frecce d'argento di conquistare nell'ultima stagione, sia il titolo piloti che quello costruttori. Se come si suol dire: "squadra che vince non si cambia"… a questo punto, non si cambia neanche il progetto…

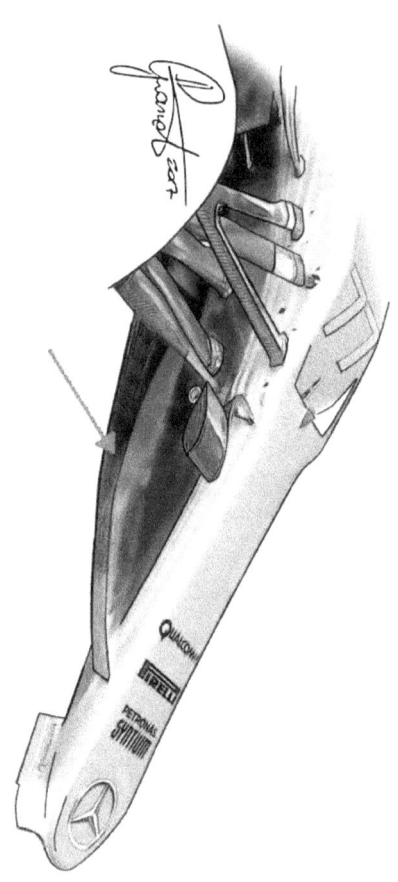

FORMULA 1 TECNICA 2018

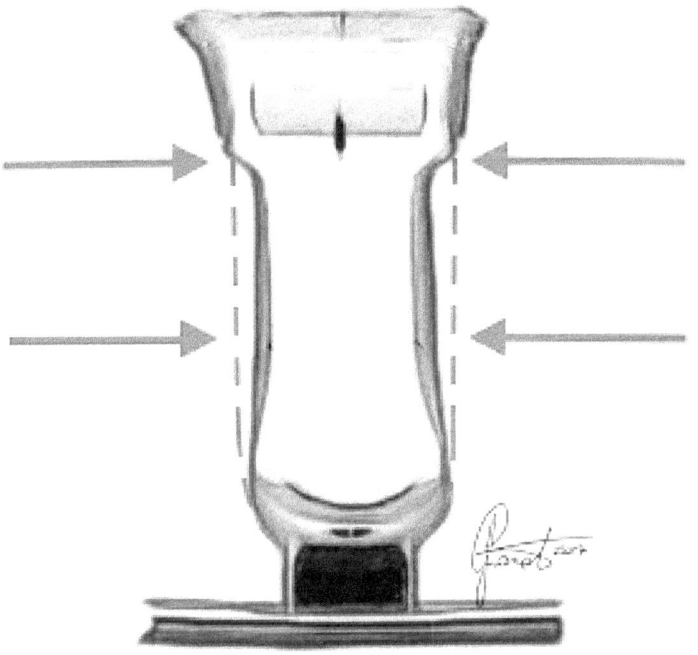

6 IL PESO DI 1000 CV

A volte non ci sofferma abbastanza su alcuni aspetti che sono di fondamentale importanza e che spesso condizionano un intero progetto. Come abbiamo visto nel capitolo precedente la Mercedes aveva deciso di mantenere, per il 2018, un passo lungo seppur leggermente accorciato. Un fattore molto importante che ha imposto ai tecnici il passo lungo negli anni passati, era però la necessità di ottenere spazio maggiore per alloggiare l'ingombrante pacco batterie che era stato deciso di utilizzare. Questo permetteva di non incappare così, come altri team invece, in problemi di degrado e successiva perdita di carico durante l'arco di un GP. Dal 2018 invece, come era stato già anticipato, le dimensioni delle batterie sono state riviste.

L'avvento dell'elettrico, insieme, al ritorno della sovralimentazione, ha stravolto totalmente il propulsore di Formula 1, trasformando il motore in un sistema sofisticato e complesso che unisce in se più tecnologie e campi di applicazione. Non a caso oggi si chiama "power unit" o unità di potenza. Ovviamente il suo compito finale rimane sempre quello di erogare il maggior numero di cavalli con una coppia elevata, ora però ci sono anche altri elementi e fattori da analizzare e prendere in esame. Ad esempio, fondamentale è l'efficienza del sistema di recupero energetico e la capacità, quindi, di aggiungere potenza, a quella del motore endotermico, per un tempo più lungo possibile.

Spesso ci si concentra su quali siano i limiti di potenza

massima raggiunta dai motoristi, cosa anche giusta, dimenticando però che non sempre la vettura potrà disporre di quella potenza per tutto l'arco del giro. Le soglie di 1000 cavalli che alcuni team sembrerebbero aver raggiunto lasciano perplessi, considerando il limite del flusso di 100 Kg/h, secondo alcuni motoristi del Circus questa quota sembrerebbe proibitiva. Ci è stato fatto anche notare che il rendimento dichiarato dalla Mercedes del 50% (insieme a quella della potenza) sarebbe in grado di far vincere un Nobel per la fisica a qualcuno a Brackley e che quindi, in realtà, andrebbe rivisto e non calcolato in modo furbesco tanto per strappare il titolo sul giornale.

Potenze raggiunte dai team (Ferrari e Mercedes) comunque ragguardevoli ma che da sole non completano l'efficacia di una power unit.

Avere picchi di potenza massima elevatissimi, quando poi però non si riesce a mantenerla per un periodo di tempo ampio nell'arco di un giro, può rendere tutto inutile.

Spesso, negli ultimi anni, specialmente in alcuni GP, si è potuto notare come alcuni team a fine rettilineo avessero problemi a mantenere la massima potenza e come a pochi metri prima della staccata già l'ERS tagliasse potenza per andare in modalità ricarica. Questo può essere dipeso sia da un cattivo sistema di recupero energetico, non efficiente come dovrebbe, ma anche, a causa del degrado delle batterie o ad un loro sotto dimensionamento per cause legate al peso o ingombro complessivo della macchina.

La Mercedes è uno dei team, invece, che sembra non aver

mai sofferto di questo fenomeno. Sicuramente dispone di un sistema ERS tra i più efficienti e che, conoscendone l'elevata efficienza di recupero, ha voluto sfruttare del tutto con una batteria, almeno fino al 2017, il più generosa possibile (25Kg peso massimo complessivo). Motivo questo che potrebbe aver contribuito a migliorare le performance della vettura e non essere soggetta a degrado e perdite di carico, e senza problemi nel raccogliere la differenza tra minima e massima carica di 4MJ. Cosa questa che altri team per problemi di peso e d'ingombri non hanno seguito rimanendo su batterie più contenute dal peso minimo concesso di 20 Kg ma ben meno efficienti di quelle utilizzate dalle frecce d'argento.

La scelta di una batteria più grande e con delle dimensioni che si sviluppano maggiormente in lunghezza e non in altezza per non elevare il baricentro della vettura giustificherebbe anche in parte la scelta del passo lungo - adottato dalla W08 nel 2017 - e che potrebbe in piccola parte essere di poco ridotto nel 2018.

E' probabile, infatti, che la volontà della Ferrari di introdurre l'Halo fig.1 e fig.2 (ben più pesante) rispetto ad un aero-screen fosse legato proprio – come già accennato in altri numeri – alla volontà di mettere in difficoltà gli avversari della Mercedes. Il team anglo tedesco, già al limite del peso complessivo, sarebbe costretto a rivedere anche le dimensioni della batteria rendendolo probabilmente meno performante dal punto di vista del recupero energetico e quindi potenzialmente più avvicinabile da parte della concorrenza.

Questa riduzione delle dimensioni e del peso della batteria sarebbe coerente con la scelta di ridurre di qualche cm il passo della vettura 2018 fig.3. Monoposto che rimarrà comunque dotata di passo lungo ma, che grazie alla piccola riduzione dell'interasse riuscirà a eliminare qualche Kg in eccesso della vettura recuperando così l'aggravio dell'Halo.

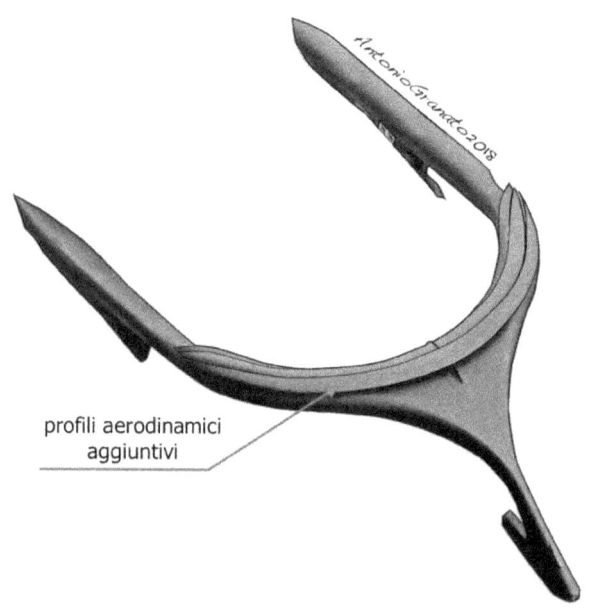

profili aerodinamici aggiuntivi

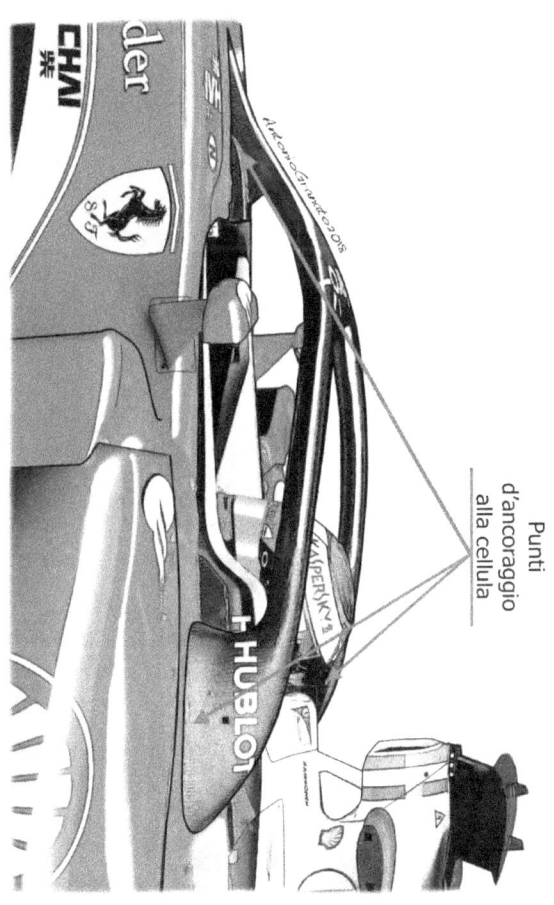

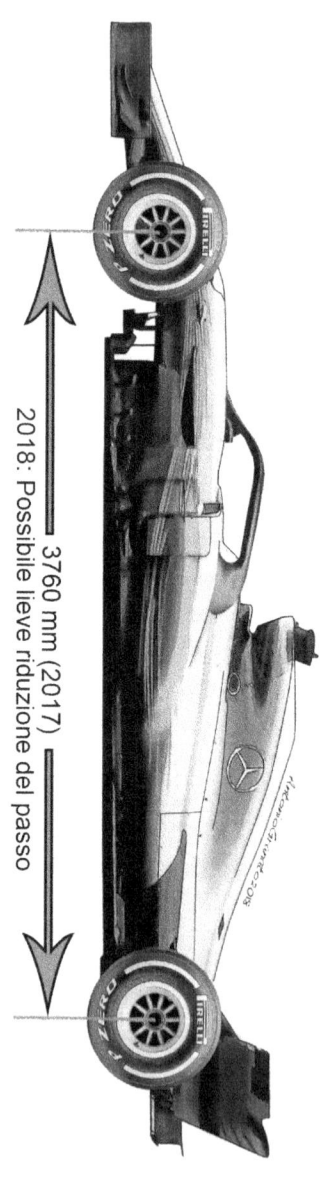

7 LA RIDUZIONE DELLA BATTERIA MERCEDES 2018

Dopo le anticipazioni date a fine sstagione poi è arrivata la conferma di quanto scritto nei capitoli precedenti e grazie ad una foto celebrativa pubblicata dalla Mercedes è stato possibile avere la conferma dell'esattezza delle voci rac colte riguardo la riduzione dimensionale del pacco batteria della W09.

Nella moderna Formula1 "turbo-ibrida" le batterie, in cui viene immagazzinata l'energia recuperabile, giocano un ruolo fondamentale. Questi elementi, che nell'era attuale stanno subendo uno sviluppo tecnologico molto intenso, possono essere la chiave, insieme a tutto il sistema ERS (Energy Recovery System- Sistema di Recupero dell'Energia) del successo di una vettura sulle altre.

Lo sa bene la Mercedes che nelle ultime cinque stagioni ha collezionato successi che, inizialmente sono risultati schiaccianti - grazie ad un uso strategico dei sistemi dell'intero ERS - e che poi hanno visto il gap ridursi quando anche la concorrenza ha compreso e saputo riadattare queste strategie d'utilizzo anche alle proprie Power Unit.

La batteria in tutto questo complesso sistema gioca quindi un ruolo di primaria importanza, e lo dimostrano le polemiche che, quasi per un'intera stagione, hanno accompagnato il tanto discusso utilizzo da parte della Ferrari della propria batteria e che hanno evidenziato tutte le difficoltà della FIA nel reggere il passo degli sviluppi dei team in questo campo.

Sappiamo comunque che le batterie che i team possono

utilizzare possono essere di dimensioni variabili e che da regolamento possono pesare da un minimo di 20 kg ad un massimo di 25 kg. Ad influire sulla scelta dimensionale di questo elemento influiscono certamente il peso complessivo della monoposto. La Mercedes, infatti, secondo alcune indiscrezioni che avevamo riportato, si sarebbe orientata quest'anno sull'utilizzo di una batteria meno pesante e di conseguenza di dimensioni più contenute; nelle stagione precedenti invece aveva sempre adoperato batterie di grosse dimensioni e dal peso massimo. Questa scelta sarebbe stata quasi obbligata dopo l'aggravio di peso dovuto all'installazione (da quest'anno) dell'Halo e che avrebbe impedito, altrimenti, le frecce d'argento di utilizzare la "preziosissima" zavorra per regolare il bilanciamento della vettura.

A conferma dell'utilizzo di una batteria di dimensioni leggermente più piccola, e allo stesso tempo più leggera, una foto celebrativa scattata nella fabbrica Mercedes che mostra le cinque monoposto, e i relativi motori ibridi (e batteria), che si sono aggiudicate i titoli iridati. Anche se con angolazioni diverse è possibile notare come l'Energy Store del 2018 sia più piccolo di quello del 2017 e come anche lo stesso motore e plenum sia stato rivisto e miniaturizzato.

Se questo però ha portato al beneficio di un risparmio di peso, ha però comportato altre limitazioni:
Una batteria più ampia, infatti, mette al riparo dal degrado del pacco stesso e da perdite di carico, cosa a cui invece altri team sono andati incontro rimanendo sul peso minimo e con batterie dall'ingombro ridotto. In effetti osservando le prestazioni espresse dalla Mercedes nel 2018 il suo vantaggio in termini puramente motoristici sembrava essersi ridotto. Sicuramente questo è stato anche per merito del gran lavoro di sviluppo portato avanti dalla concorrenza, Ferrari su tutti. Ma probabile anche che questo recupero sia stato favorito proprio dall'impossibilità di dotarsi di una

batteria di dimensioni maggiorate.

Se da una parte quindi la Ferrari, come sappiamo ha spinto per introdurre l'Halo nella speranza di creare problemi di peso alla Mercedes, dall'altra la Mercedes ha spinto per l'introduzione delle nuove ali 2019 che dovrebbero creare difficoltà a chi utilizza il rake. Guerra tecnica ma anche strategica e politica tra i due team che sempre più stanno monopolizzando la scena del Circus… attendendo il ritorno, forse, di un'arrembante Red Bull Honda.

.

8 LE MODIFICHE SULLE AUTO PRIMA DI MONACO

L'unicità della pista di Monaco costringe i team ogni anno a modifiche particolari ed inconsuete, come ad esempio interventi sulla scatola dello sterzo per aumentare l'angolo di sterzata massima delle vetture. Le incidenze alari poi si portano a livelli massimi nel tentativo di ottenere, per quanto possibile su una pista lenta come questa, un livello di carico sufficiente per fornire al pilota un minimo di confidenza con la vettura.

Dell'intero calendario iridato di F1, il circuito di Monaco rappresenta quella tappa unica, completamente fuori dal contesto dei tracciati attuali, da essere valutato come una gara a se stante e per nulla indicativa dei reali valori in pista. Un cittadino, caratterizzato da curve lente, tornantini, sali scendi e asfalto sconnesso che rendono inutili tutti i calcoli e le simulazioni che vengono effettuati in galleria del vento o sui banchi di prova dinamici.

Qui i team cercano di aumentare il carico aerodinamico senza preoccuparsi dell'innalzamento dei livelli di drag (resistenza all'avanzamento). Se durante la stagione i tecnici si preoccupano di ritrovare la migliore efficienza aerodinamica, a Montecarlo l'unica cosa che viene ricercata è la spinta verticale. Le ali vengono portate al livello massimo d'incidenza per ottenere, nelle curve veloci, l'aumento di carico necessario.

Seppur l'aerodinamica conti poco su questo tracciato,

durante il week end di Monaco, appaiono comunque soluzioni estreme che tentano di ricavare il maggior numero di Kg possibili.

Una pista quella di Monaco capace di mettere in difficoltà anche i migliori ingegneri, tecnici ed aerodinamici del circus . Tutti gli anni, infatti, i team preparano le loro monoposto con altezze da terra ideali, studiate in galleria del vento e sui banchi dinamici ma che inevitabilmente, dopo i primi giri in pista devono essere rivisti, tanto da far saltare tutti gli studi precedentemente fatti.

Il problema è quello relativo alle continue "toccate" sull'asfalto a causa delle grosse sconnessioni stradali. Si procede, infatti, con piccole sessioni di due o tre giri, necessarie per far innalzare le temperature e le pressioni delle gomme e quindi raggiungere le altezze prestabilite. Al termine di questi pochi passaggi, si fa rientrare la vettura al box e si verifica la presenza di danni al fondo. Ogni volta che vengono notate "toccate" si procede all'aumento dell'altezza da terra della vettura rendendola, di fatto, meno efficace dal punto di vista aerodinamico.

Un ulteriore intervento tecnico che viene introdotto esclusivamente a Monaco è quello relativo all'aumento dell'angolo di sterzata. Su questa pista, infatti, è presente la curva del Loews, la più lenta in assoluta dell'intero mondiale che per essere percorsa è necessario un angolo di sterzo superiore a quello normalmente utilizzato dalle monoposto. Si amplia, infatti, l'angolo dai circa 15°, che normalmente si utilizza, ai circa 22° per consentire ai piloti di poter, più o meno agevolmente, affrontare lo stretto tornantino.

FORMULA 1 TECNICA 2018

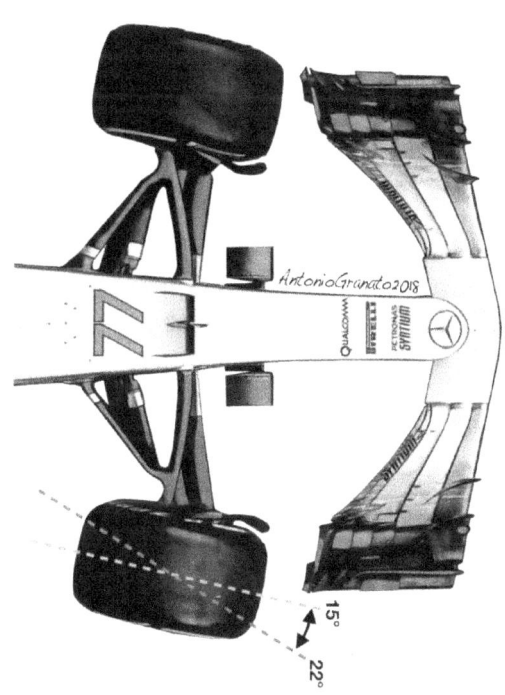

9 L'arma segreta della Mercedes W09

Un elemento spesso trascurato nelle analisi tecniche è sicuramente il convogliatore di flusso posizionato sotto il muso W09. Un particolare nascosto che ha un ruolo essenziale e primario nel funzionamento della vettura e che consente ad essa di mantenere il giusto equilibrio aerodinamico. Implementazione che ha consentito così di ottenere il salto prestazionale compiuto nella seconda parte del 2017 e nella successiva stagione 2018.

La Mercedes ha sicuramente impressionato durante i test. La facilità con cui otteneva e scendeva sotto certi limiti cronometrici con gomme di mescola più dura rispetto agli avversari e le prestazioni mostrate nelle simulazioni di passo gara lasciano pochi dubbi. Al momento il team tedesco risulta essere ancora avanti.

Probabile che la W09 abbia risolto quei problemi che affliggevano la W08 e che, in parte, l'avevano resa più avvicinabile dalla concorrenza, Rossa in testa. Nel 2017 il passo extra lungo della monoposto argentata aveva dato non poche noie ai tecnici nella ricerca sempre del giusto assetto e bilanciamento. Ad aggiungersi a questo, ci fu anche il mancato superamento del crash test d'inizio stagione 2017 del musetto anteriore "sfinato". Problema che costrinse i tecnici Mercedes a ricorrere a soluzioni temporanee e tampone che vennero poi rimosse solo a Barcellona, quando il muso pensato per la W08, finalmente, superò i test di sicurezza..

Proprio a Barcellona fu, infatti, aggiunto alla vettura per la prima volta il particolare convogliatore di flusso montato nella parte bassa dell'anteriore della monoposto. Questo dispositivo - che si sviluppa dai lati del musetto fino ad inglobare a se i turning vane inferiori - ha lo scopo di raccogliere la quantità maggiore possibile di aria ed indirizzarla al t-tray, ovvero quel punto in cui i flussi si

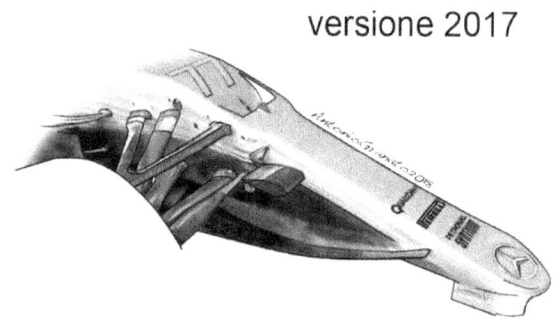

versione 2017

dividono per scorrere lungo le due fiancate e sotto il fondo della vettura. Vedi fig.1

Un punto nevralgico e chiave: più aria arriva qui e più questa potrà raggiungere la zona posteriore del diffusore massimizzando l'efficienza estrattiva ed il carico generabile. Occorre però che il flusso dell'aria che passa sotto la vettura sia poco disturbato dalle turbolenze generate dall'ala anteriore e quindi il più "pulito" possibile.

Il convogliatore anteriore della Mercedes, di fatto, svolge

questa funzione, raccoglie tutti i flussi disturbati dalle turbolenze dall'ala anteriore e dal muso, stabilizzandoli e indirizzandoli al T-tray. Per questo motivo lo scorso anno è stato sfinato il muso della monoposto, nel tentativo di creare meno disturbo e per favorire l'installazione laterale delle due "zanne" del convogliatore. Proprio queste ultime due sono state riviste a Barcellona ed è stata utilizzata una nuova versione con la parte più avanzata non più piana ma con una piega verso il basso in modo da creare un incanalamento più netto ed efficace dell'aria all'interno del convogliatore di flusso vedi fig. 2. Lungo i due lati di questo dispositivo sono apparsi poi anche due slot che alimentano e aumentano il flusso interno velocizzandone lo scorrimento. Vedi fig.3

Soluzione che nessun altro team ha voluto replicare a causa dell'elevata sofisticazione aerodinamica e per i problemi che, dal punto di vista del bilanciamento aerodinamico e meccanico, potrebbe creare. Va detto però che, dal momento in cui il team tedesco ha trovato il giusto setup, questo dispositivo ha incrementato le performance della monoposto aumentando la capacità di sviluppare carico senza pagare troppo in termini di drag. Un vera e propria "arma" affinata e testata durante questi test invernali.

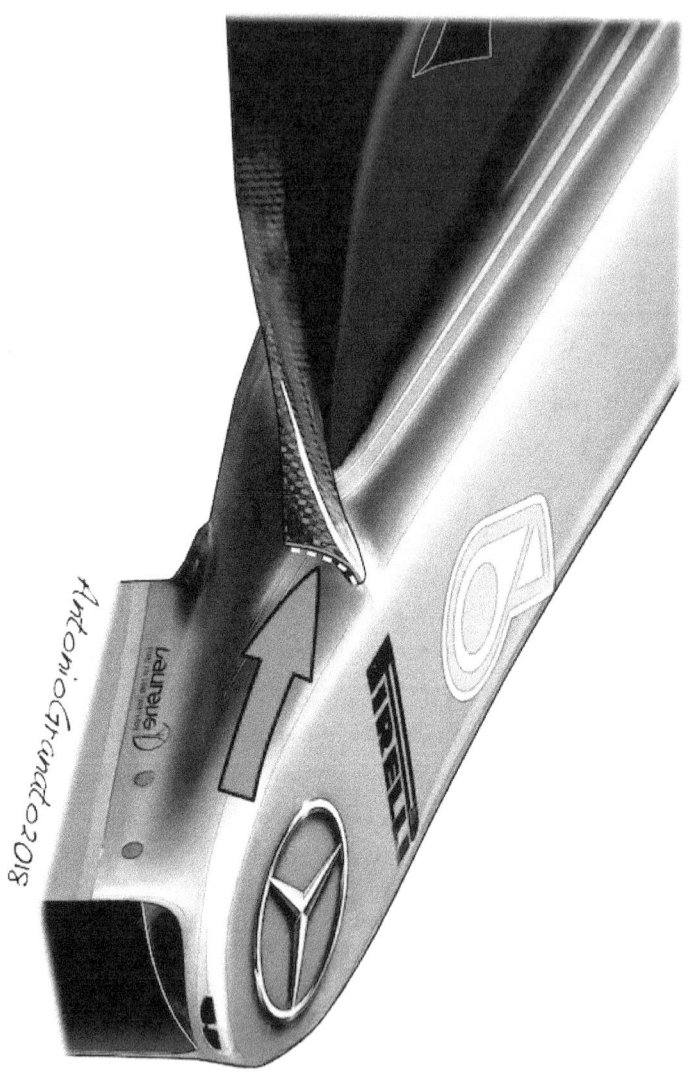

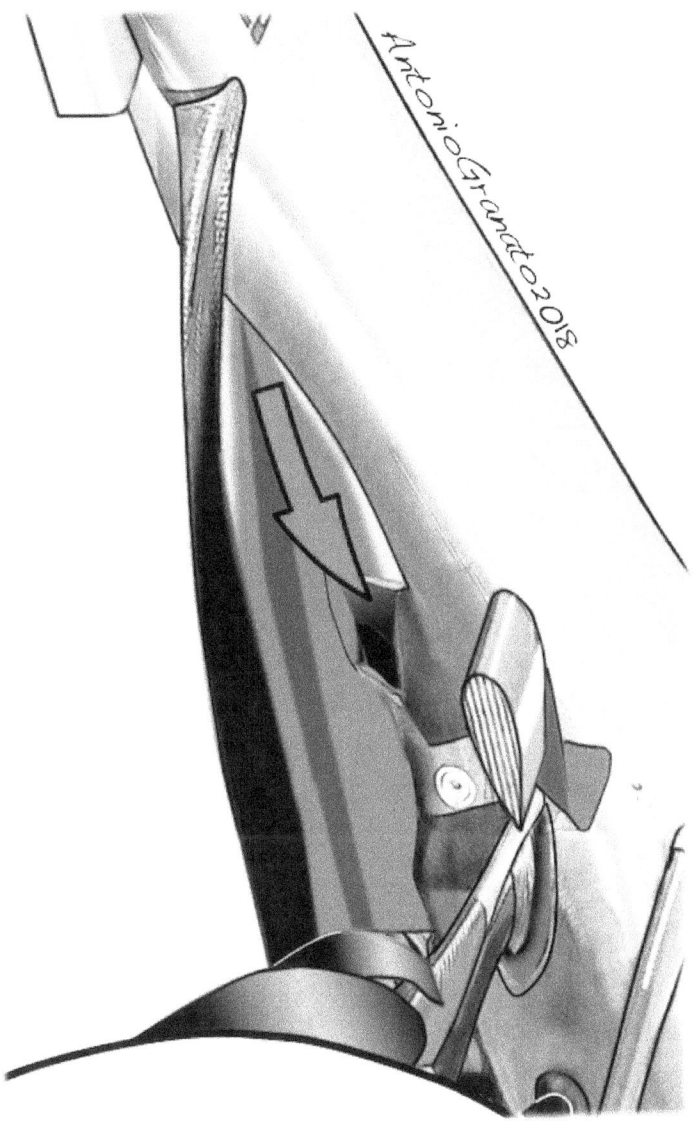

ANTONIO GRANATO

10 Mercedes e Ferrari alla pausa estiva

E' la pausa estiva che segna il punto di svolta in questo campionato del mondo di F1. Fino a quel momento Ferrari e Mercedes si sono battagliate sui tracciati incontrati nell'arco della prima parte di campionato con un'alternanza in termini di valori che variava in funzione delle caratteristiche del circuito. Con una Ferrari che ha puntato, grazie al suo alto angolo di rake, ad una maggiore efficienza aerodinamica e a sviluppare un'elevata velocità di punta. La Mercedes, al contrario, puntando su un assetto "piatto" optava per una soluzione più carica "pagando" però in termini di "drag".

Si arriva alla pausa estiva con la convinzione che la SF71H è la macchina da battere. Dopo anni a rincorrere la concorrenza ora la Ferrari può disporre di una monoposto veloce su qualsiasi tipo di tracciato, sempre competitiva, sempre all'altezza della concorrenza, fino ad arrivare ad essere - alla fine di questa prima parte di campionato - la vettura di riferimento per tutti.

Solo le sbavature dei piloti (Vettel ha più di qualche responsabilità) non consentono di essere primi nelle classifiche piloti e costruttori, considerando, anche che, in Germania la gara è stata buttata da Vettel ed in Ungheria, forse, la gestione strategica del muretto non è stata esente da errori.

BILANCIO E TRAZIONE - Già dallo scorso anno, grazie ad un passo più corto rispetto alla Mercedes, la monoposto di Maranello era quella più performante nei tracciati misti. Dove occorreva la capacità d'inserimento in curva, mantenendo sempre un ottimo bilancio meccanico - ovvero la capacità di essere neutra, senza sottosterzo o sovrasterzo - la Ferrari, era, ed è la vettura che esprime le migliori prestazioni. Grazie anche alle modifiche allo schema sospensivo posteriore, introdotte sin da inizio stagione, è riuscita a migliorare l'ottima trazione di cui già disponeva, rendendola ancora più guidabile e trasmettendo al pilota più sicurezza in uscita di curva.

EFFICIENZA AERODINAMICA - Nei circuiti invece più veloci la SF71H ha fatto valere un'efficienza aerodinamica accresciuta rispetto all'anno precedente e questo ha permesso di compiere quel sorpasso prestazionale rispetto alla Mercedes tanto ricercato. Se a inizio stagione, infatti, il motore sembrava ancora di poco inferiore a quello delle Frecce d'argento, l'eccellente efficienza aerodinamica del corpo vettura – migliorata grazie anche a delle pance completamente riviste – ha aiutato a chiudere quel gap residuo e far risultare nel complesso la vettura di Maranello più veloce nel confronto con la sua avversaria.

EFFICIENZA MOTORISTICA - I motoristi, ricordiamolo già nell'arco di questa stagione hanno poi compiuto passi in avanti notevoli. Da quanto dicono nel paddock, alcuni ben informati, ora il propulsore della Ferrari è il più efficiente del circus e gli avversari della Mercedes starebbero in difficoltà ed in affanno nel ricercare contromisure valide per arginare l'incremento di potenza che la rossa avrebbe trovato attraverso gli ultimi due aggiornamenti apportati alla PU. Terza evoluzione a parte – portata in Ungheria - che è stata provata sui team clienti (Haas e Sauber) con dei risultati che non hanno pienamente convinto.

Alla migliore efficienza aerodinamica della SF71H va unita ora la migliore efficienza del motore che, oltre ad aver aumentato la sua potenza massima complessiva - e la durata nell'arco del giro in cui questa può essere disponibile - ha migliorato non di poco anche la sua erogazione.

CARICO - A mancare forse, rispetto alle Mercedes, è ancora qualche punto di carico aerodinamico, frutto però di una scelta vagliata da Maranello con attenzione e che ha voluto previlegiare l'efficienza aerodinamica della vettura. Temendo, infatti, di essere ancora in ritardo di motore, si è puntato quindi alla riduzione della resistenza all'avanzamento, e questo ha comportato ovviamente la rinuncia a qualche kg di spinta verticale. Scelta, però, che nel complesso di questa prima parte di stagione ha anche dato ragione ai tecnici Ferrari considerando come la SF71H sia sembrata sempre equilibrata su ogni tipo di tracciato trovando sempre il giusto compromesso tra drag e carico.

INTERASSI e RAKE - La Mercedes invece disporrebbe, di un carico aerodinamico leggermente superiore, che otterrebbe grazie al suo passo extra lungo, sfruttando a dovere ogni cm in più di lunghezza disponibile. Più volte abbiamo raccontato di come la W09 sia "piatta" con un ridottissimo angolo di rake e come i suoi aerodinamici abbiano preferito ottenere carico lavorando più sulle forme superiori del copro vettura. La Ferrari, come anche la Red Bull, ha puntato, invece, ad un passo più contenuto (non certamente extra lungo come quello della Mercedes) scelta fatta per sfruttare al meglio l'effetto rake e i suoi vantaggi.

Non possiamo però parlare di scelte migliori o peggiori ma al contrario di soluzioni che risultano più o meno efficaci a secondo della diversa condizione. L'impressione però è quella che probabilmente, visto anche il grande salto di qualità, la scelta dell'assetto rake abbia premiato la rossa ed il coraggio di osare dei suoi ingegneri.

IL LAVORO NELLA PAUSA ESTIVA – Seppur la pausa sarà forzata per tutte le squadre ci sarà la possibilità di lavorare per una sola settimana nell'arco della pausa estiva. A quanto pare, già da tempo, ci si sta concentrando in particolare su soluzioni dedicate per le imminenti prove su piste veloci, le prossime tappe saranno infatti Spa e Monza. Alcune soluzioni particolari saranno, infatti, portate in pista in parte a Spa e alcune invece verranno solo provate in Belgio per poi essere impiegate esclusivamente a Monza. Proprio per il GP d'Italia l'ex Presidente Sergio Marchionne aveva chiesto alla squadra un impegno maggiore per cancellare le pessime prestazioni del 2017 e lo sforzo che si sta compiendo dimostra come la squadra avesse risposto alla richiesta dei vertici.

Oltre ovviamente ad ali scariche (a cucchiaio per il Belgio e a profilo ridotto per Monza) sembra siano allo studio, un nuovo fondo vettura ed un nuovo diffusore progettato specificatamente per la pista brianzola. Ad aggiungersi a questi nuovi particolari anche dei nuovi deflettori laterali (turning-vane) appositamente studiati per deviare i flussi ai lati della vettura e ridurne il drag minimizzando il rischio che alle alte velocità l'aria possa insinuarsi sotto il fondo provocando lo stallo dell'estrattore.

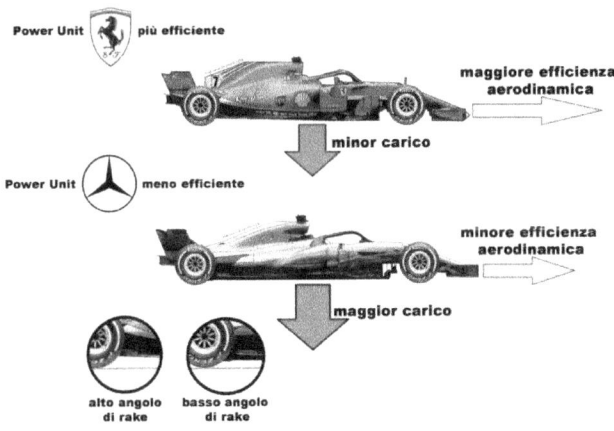

11 RAKE E ANTI-RAKE

Ridotto il vantaggio motoristico che, anno dopo anno, la Mercedes ha visto sempre più assottigliarsi, le preoccupazioni per il team anglo-tedesco nascevano dal continuo miglioramento che Ferrari e Red Bull dimostravano nell'utilizzo dell'assetto rake. Probabile che - proprio per contrastare un fenomeno che avrebbe costretto i tecnici delle frecce d'argento a rivedere l'intero progetto e adottare, quindi, anche lei un assetto rake con spese e sperimentazioni enormi e tutte da verificare - ci sia stata una manovra politica e molto abile che abbia indotto indirettamente la Federazione a rivedere il regolamento tecnico e a modificare alcuni punti che renderebbero meno efficace l'utilizzo dell'assetto rake.

Nel 2019 le ali delle attuali monoposto subiranno delle pesanti modifiche. In particolare su quella anteriore, come deciso con una votazione a maggioranza nell'ultima riunione della F1 Commission, scompariranno tutte gli elementi addizionali al profilo principale dell'ala anteriore. Tutto ciò per consentire e rendere più facili i duelli, favorendo così i sorpassi in pista; c'è però anche un altro aspetto che vale la pena evidenziare e che, secondo alcuni addetti ai lavori, sarebbe stato voluto dalla Mercedes e da tutti i team da lei motorizzati, al fine di rendere inefficace le funzionalità dell'assetto rake. Vediamo perché e come.

Una macchina dotata di assetto rake ha la capacità di

diminuire, alle alte velocità, l'incidenza alare al posteriore grazie all'abbassamento del retrotreno sotto l'effetto del grosso carico aerodinamico generato sia dal fondo che dall'ala. Questo drastica diminuzione di carico al posteriore renderebbe però la vettura sovrasterzante, problema che viene evitato grazie alla contemporanea diminuzione di carico anche dell'ala anteriore che torcendosi lungo il proprio asse provoca la diminuzione della sua incidenza alare. Torsione che viene favorita sulle attuali ali a freccia, proprio da tutta quella serie di profili aerodinamici che saranno proibiti nel 2019. Altra funzione importante svolta da questi profili che saranno eliminati è quella di consentire al "rake" di funzionare a dovere allontanando i flussi dal corpo vettura e scongiurando il rischio che questi possano "infilarsi" sotto il fondo.

Ma perché la Mercedes combatterebbe il rake?

La Mercedes e i team motorizzati Mercedes non disponendo più del vantaggio motoristico su cui potevano contare fino all'anno passato guardano ora con preoccupazione agli avversari (in particolare Ferrari e Re Bull) che grazie all'utilizzo di certi assetti riescono a compensare l'ormai piccolo svantaggio motoristico rimasto. Chi utilizza, infatti, un alto angolo rake cerca il più possibile di allontanare i flussi dalla macchina e di ricreare il vuoto sotto la vettura grazie sia ai deviatori sull'ala ma anche grazie ai bargeboard o deflettori laterali. La Mercedes invece, che utilizza un bassissimo angolo di rake, non cerca di generare il vuoto sotto la vettura ma lavora per aumentare la velocità di scorrimento sotto il fondo in modo da creare depressione e generare carico. Due metodologie tecniche che al momento sembrano diversamente efficaci e che evidenzierebbe come quella con alto rake possa essere più favorevole.

Per questi motivi, secondo alcuni, si sarebbero creati due schieramenti: quelli favorevoli alla semplificazione alare anteriore (Mercedes e suoi motorizzati) e quelli non, ad eccezione della Sauber che, fatalità, ha licenziato proprio l'ingegnere che aveva espresso parere favorevole alla proposta avanzata. Con la sua approvazione, chi non ha ancora capito come raccogliere i benefici di un alto angolo di rake, potrà per lo meno arginare i vantaggi agli avversari almeno che questi a loro volta non escogitino qualche contromisura da adottare.

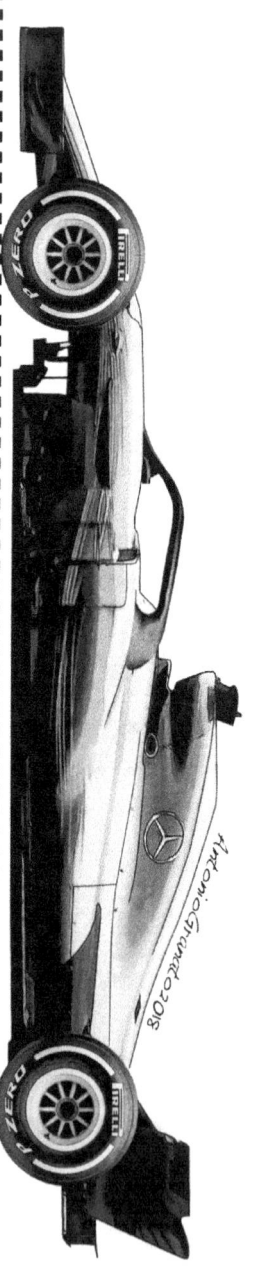

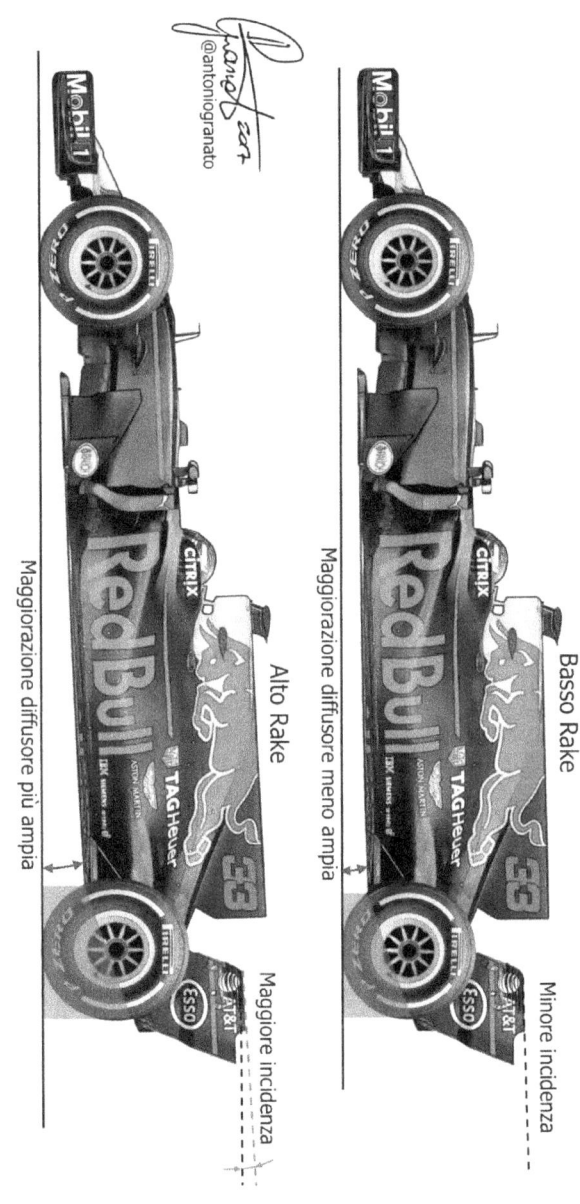

ANTONIO GRANATO

12 L'ASSETTO RAKE RED BULL

Forse, ancora oggi, l'unica squadra che riesce ad interpretare ed a sfruttare al meglio l'assetto rake è la Red Bull. Dopo che la FIA negli anni passati ha vietato l'utilizzo del FRIC e dopo i chiarimenti in merito al divieto di funzioni "programmate" da parte dei sistemi sospensivi che modifichino gli assetti in corsa con riflessi sull'aerodinamica della vettura, i team sono dovuti tornare all'utilizzo di sistemi più semplici e lineari. La Red Bull, ad esempio, è stata una delle prime squadre a rivedere il suo sistema sospensivo anteriore, elemento primario per il mantenimento di un'inclinazione corretta ed efficace per il funzionamento dell'assetto "rake". Vediamo come.

Se c'è un elemento che, oltre al motore, tiene alto gli interessi degli addetti ai lavori e non, è sicuramente lo schema delle sospensioni anteriori.

Oggetto già di numerosi scontri tra team a mezzo di lettere di chiarimento indirizzate alla Federazione, la sospensione anteriore resta uno di quegli elementi che più possono influenzare le prestazioni di una vettura.

Continui sospetti sul corretto uso di questo dispositivo si rincorrono ormai dal 2012, quando si pensò che la Red Bull modificasse, durante la corsa, l'altezza da terra dell'asse anteriore attraverso l'uso di particolari elementi idraulici. L'anno scorso poi si sospettò che Mercedes, anche lei, utilizzasse le sospensioni come "elemento aerodinamico" ovvero capace di influenzare l'aerodinamica della vettura modificandone e controllando in modo innaturale il beccheggio della monoposto (una sorta di nuovo FRIC). Infine, è stata la volta della Ferrari, anche lei si è vista vietare il sistema che le permetteva di mantenere l'altezza da terra costante, anche durante le sterzate.

I team si sono comunque scatenati con soluzioni diverse, ed in particolar modo sul cosiddetto "terzo-elemento", un damper, un ammortizzatore (anche se lo sospensioni delle F1 svolgono pochissimo la funzione ammortizzante)con lo scopo principale di regolare e mantenere costante l'altezza della vettura da terra, oltre ovviamente, a contribuire, insieme agli altri elementi, nella limitazione del rollio.

Varie le soluzioni impiegate, idraulico/meccaniche: dove alla componente idraulica si aggiungono delle molle elicoidali o a tazze; oppure, soluzioni con un unico elemento idraulico.

Molti avevano pensato che la tendenza dei team ad utilizzare, sempre più, gli elementi con sola componentistica idraulica, fosse derivata dall'intenzione di sfruttarne maggiormente il rilascio progressivo dell'energia accumulata e controllare, così, in modo programmato le compressioni e le estensioni: ma evidentemente non era così.

La FIA, infatti, aveva già chiarito quale deve essere l'unica funzione della sospensione con una direttiva tecnica molto chiara e le squadre continuando a sviluppare sistemi idraulici hanno dimostrano che, queste scelte tecniche, non erano dettate dall'esigenza di aggirare il regolamento ma, semplicemente, ritenute più efficaci.

Tra queste la Red Bull che ha trasformato il suo terzo elemento idraulico/meccanico dello scorso anno in uno totalmente idraulico. Variazione che sembra aver funzionato a dovere con una gestione eccellente dell'altezza dell'anteriore da terra come si è potuto notare in Cina grazie al vistoso scintillio che rilasciava la monoposto che evidenziava come questa fosse tenuta bassa in modo estremo. La vettura, infatti, all'anteriore toccava la pista con il suo pattino più avanzato del fondo senza però eccedere, grazie proprio ad un fine controllo del "terzo elemento" che le ha permesso di non consumare il pattino più del consentito e di assumere un angolo rake più estremo possibile.

Dalla fig.1 possiamo vedere come un rake molto alto, porti il pattino posizionato sotto il T-tray a contatto con la pista generando le scintille viste a Shangai. Allo stesso tempo, però, si alza il posteriore "aumentando" così le dimensioni del diffusore in modo da poter rendere più efficace l'estrazione dell'aria e incrementando il carico aerodinamico complessivo. Vedi parte evidenziata in giallo

Nella fig.2 il il nuovo elemento della Red Bull che sin dalla prima gara è stato utilizzato a bordo della RB14 e che ha abbandonato del tutto le molle a "tazza Belleville" che precaricavano il damper. Si può notare come tecnici abbiano praticato un cambiamento deciso ed evidente nella filosofia progettuale del nuovo elemento di assorbimento. Si è puntato totalmente su un'applicazione completamente idraulica che utilizza un accumulatore dal diametro decisamente maggiore rispetto alla versione precedente ma che, evidentemente, fornisce la possibilità di gestire e controllare in modo più efficacie le variazioni d'altezza della vettura rispetto al fondo stradale.

Nella fig.3 il vecchio elemento utilizzato nella stagione 2017 composto da una parte idraulica, e da una parte meccanica con molle a tazza. Nella fig.4 il sistema misto utilizzato dalla Ferrari con una parte idraulica di dimensioni maggiori rispetto a quella della Red Bull 2017 e una molla elicoidale, e non a tazze, più contenuta.

FORMULA 1 TECNICA 2018

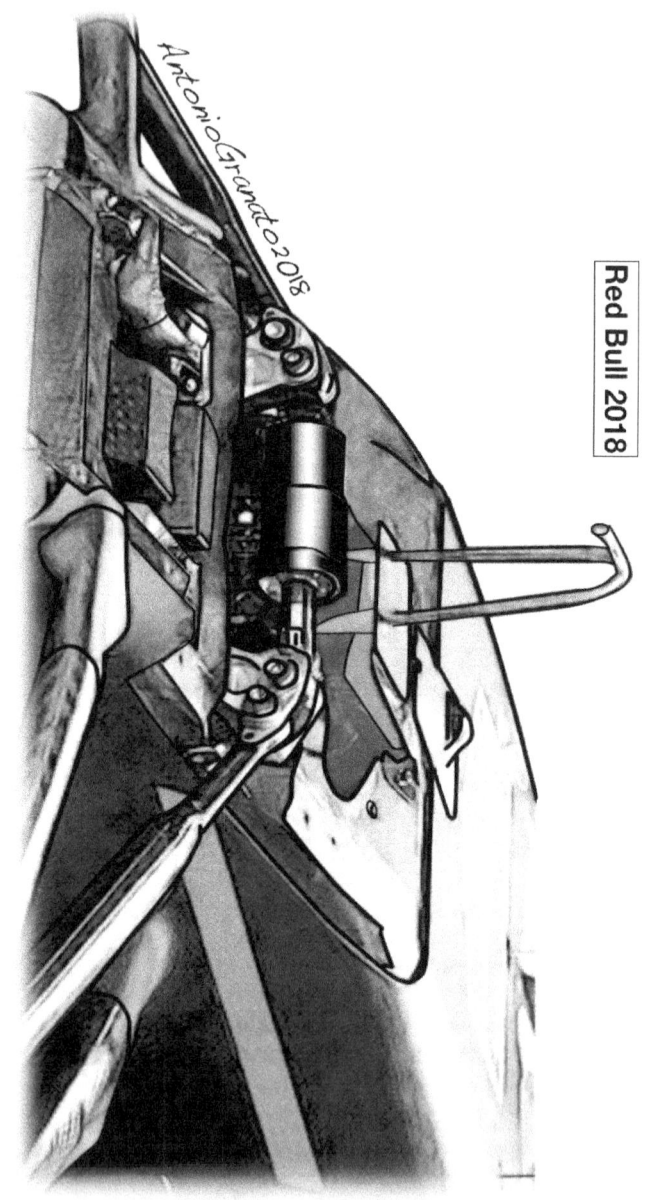

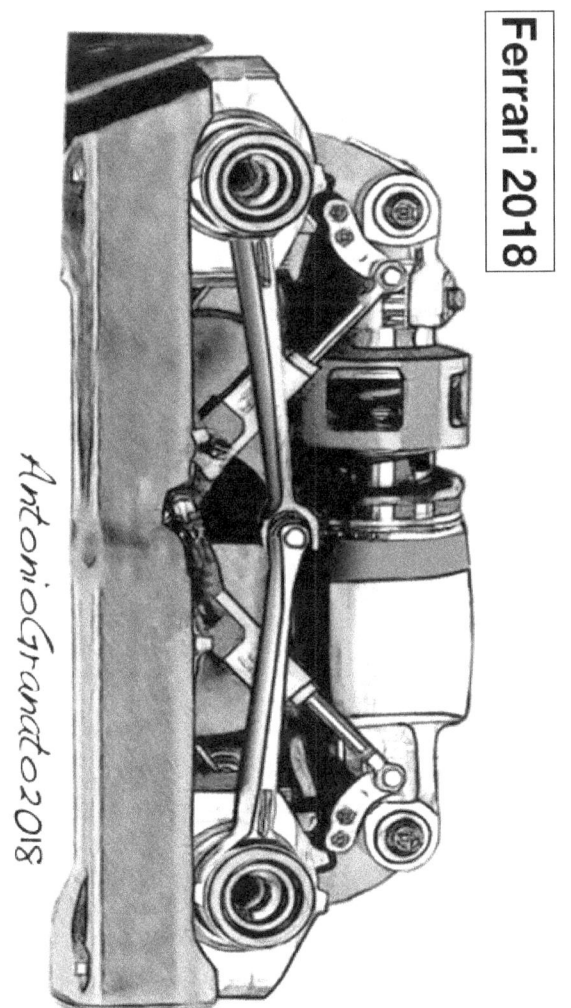

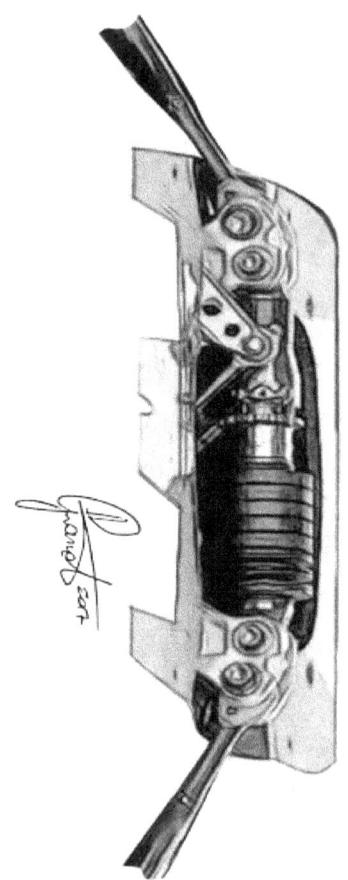
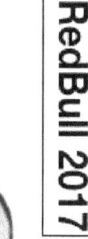

13 IL PIEZOELETTRICO

Durante una delle puntate di Pit Talk del 2018, la trasmissione radiofonica interamente dedicata alla Formula 1, che conduco, l'Ing. Enrique Scalabroni mi espose una sua teoria molto interessante che poteva giustificare come il team Mercedes potesse ancora primeggiare in campo motoristico. Teoria riproposta sia su Autosprint che su F1Sport.it dove ha raccolto molte curiosità ed interesse sia da parte dei lettori che dagli ascoltatori.

L'autore in studio radiofonico durante una diretta di Pit Talk

Impiegato da pochi anni nel mondo della Formula 1, il sistema di recupero dell'energia rappresenta un'area in cui i motoristi stanno investendo moltissimo e che ancora riserva ampi margini di miglioramento. Sono moltissime, infatti, le risorse economiche utilizzate in questa tecnologia "giovane" per la Formula 1 e si conta di poter raggiungere ancora livelli d'efficienza molto elevati e ben più performanti.

Ad interpretare forse al meglio questa tecnologia è stata sicuramente la Mercedes che è riuscita, sin dal 2014, a realizzare Power Unit altamente competitive e dotate di un sistema di recupero da subito molto più efficiente di quello degli avversari.

Quando, ancora, non è chiaro quale sia stata la "mossa" vincente che ha permesso alle Frecce d'Argento di primeggiare in questo campo, ecco che l'Ingegnere Enrique Scalabroni ex progettista in Formula 1 con Ferrari, Williams e Lotus, intervenuto ai microfoni della trasmissione radiofonica "Pit Talk", suggerisce l'uso di una tecnologia che secondo lui potrebbe risultare in Formula 1 notevolmente vantaggiosa e proficua: la piezoelettricità.

Il tecnico argentino, ha descritto nel dettaglio i vantaggi di questa tecnologia che già ha trovato applicazione nel campo aerospaziale, grazie alla Nasa, e che consentirebbe, alle vetture che ne fossero dotate di recuperare anche fino a 30kW! (circa 40CV).

"Prendendo del materiale piezoelettrico (placchette piezoelettriche ndr.), materiale costituito da alcuni cristalli, questo sotto variazioni termiche produce una polarizzazione elettrica che crea una differenza di potenziale e quindi delle cariche elettriche sulla superficie di questi elementi. Una variazione di 400 °C può far recuperare ad ogni elemento circa 2 kW che moltiplicato per il numero di pezzi che si possono utilizzare, si calcola che si possono utilizzare fino a

30 - 40 pezzi, si recupererebbe di certo una quantità di energia e di potenza ragguardevole.

Elementi molto piccoli, - continua l'ingegner Scalabroni - di circa 4mm di spessore per 60mm di diametro, che andrebbero posizionati nelle zone calde del motore ma senza essere a diretto contatto con gli scarichi che altrimenti danneggerebbero le placchette piezoelettriche. Si dovrebbe quindi creare una zona, "un forno", una struttura che permetta all'aria di stazionare un certo tempo creando quella variazione termica che crea conseguentemente, attraverso questi dischetti, la variazione di voltaggio.

"Elementi costituiti da cristalli naturali o sintetici in una resina speciale che quando subiscono questa variazione termica generano una non simmetria della polarità: gli elettroni che sono negativi si spostano da una parte della placchetta mentre dall'altra parte resterebbe la carica positiva creando pertanto un delta e quindi la differenza di potenziale".

"Utilizzando questa tecnologia non si dovrebbe forzare troppo la parte endotermica e neanche gli organi di recupero energetico tradizionali (compressore e turbina ndr)."

Difficile dire se effettivamente questa tecnologia troverà applicazione reale in Formula 1 anche se l'Ingegner Scalabroni, pur non dati certi, sospetta che qualcuno possa aver già trovato il modo di utilizzarla.

Permangono, poi, dei dubbi sull'eventuale regolarità o irregolarità di un tale ingegnoso sistema. Altri esperti, che abbiamo interpellato, si dicono dubbiosi, anche se, non hanno nascosto il loro interesse per questa teoria e si sono mostrati incuriositi dagli sviluppi che tale tecnologia potrebbe avere.

ANTONIO GRANATO

14 RENAULT QUARTA FORZA MONDIALE

La Renault ha iniziato il suo 2018 certamente non senza alcune polemiche. La notizia dell'arrivo in squadra di un ex tecnico FIA e quindi potenzialmente a conoscenza dei segreti di ogni vettura, sollevò immediatamente molte perplessità e lamentele da parte dei team avversari. Quanto questo poi abbia effettivamente aiutato, o aiuterà nei prossimi anni, è tutto da verificare. Per il momento l'unica cosa certa è la conquista della quarta piazza nell'importante classifica del mondiale costruttori.

Successivamente, qualche critica è stata sollevata anche dall'utilizzo dello scarico motore inclinato, soluzione che ha dato scarsi risultati e che è risultata, tra l'altro, in linea con quanto dettato dal regolamento tecnico.

La Renault quest'anno sta rappresentando di fatto, in modo sempre più stabile, la quarta forza del mondiale. Davanti al team francese i tre team che finora si sono divisi i primi sette GP del mondiale con un margine di punti già incolmabile. Alle spalle l'unica squadra, o per meglio dire, l'unico pilota a impensierirli è Fernando Alonso che ha conquistato 32 dei 40 punti raccolti dalla Mclaren.

Tecnicamente la R.S.18 non ha sorpreso, al contrario di quanto si diceva all'inizio della stagione 2018 con dei rumors che parlavano di una vettura che sarebbe potuta essere addirittura rivoluzionaria. L'arrivo dell'ex Capo del dipartimento tecnico della FIA Budkowski non ha dato subito i frutti attesi ma è anche normale, visto che l'arrivo del tecnico polacco è avvenuto con la monoposto già praticamente definita.

Vettura quella di quest'anno che, come abbiamo detto, di innovativo ha ben poco e che, se di novità vogliamo parlare, l'unica è quella relativa ai suoi scarichi motore inclinati che soffiano in direzione del dorso dell'ala posteriore. Il tentativo, per la verità poco riuscito, è quello di sfruttare l'inclinazione massima di 5 gradi verso l'alto, concessa dal regolamento tecnico, per dirigere i gas di scarico in direzione del dorso dell'ala posteriore. Questa soluzione ha lo scopo di aumentare la velocità di scorrimento dell'aria sotto l'ala, sfruttando la velocità ed il calore dei gas, aumentando così il carico generabile al posteriore in situazioni di medie/basse velocità. Sofisticazione aerodinamica che la Federazione ha ribadito essere regolare, purché, non vengano impiegate mappature motore specifiche che incrementino il soffiaggio degli scarichi senza un riscontro diretto in termini di potenza. La FIA vuole essere sicura che le mappature non siano studiate per scopi unicamente aerodinamici.

Sviluppo della vettura che sembra essere comunque rallentato, con il team lanciato sul lavoro di progettazione della R.S.19, macchina che potrà sfruttare le conoscenze di Budkowski e nel tentativo di richiudere il gap con i migliori team del mondiale. In questo aiuterà sicuramente il motore Renault che sembra finalmente aver trovato la strada giusta sia dal punto di vista dell'affidabilità ma anche della potenza, solo l'ultimo aggiornamento avrebbe portato un incremento di 15/20 cv e già si parla di rafforzamenti importanti sulla prossima evoluzione.

Dal punti di vista aerodinamico la R.S.18 sembra poco attiva, con piccoli interventi di dettaglio che forse dimostrano più come questa R.S.18 sia una vettura laboratorio per il 2019. Non a caso si studiano già alcune soluzioni come quella dello specchietto ancorato all'Halo, utilizzato per prima dalla Ferrari, o si interviene solo con piccole modifiche agli elementi laterali della vettura (bargeboard). Studi che potrebbero servire a raccogliere informazioni utili per la progettazione della vettura del prossimo anno, stagione che deve portare alla casa francese i primi risultati importanti per convincere i vertici a continuare ad investire sul progetto Formula 1.

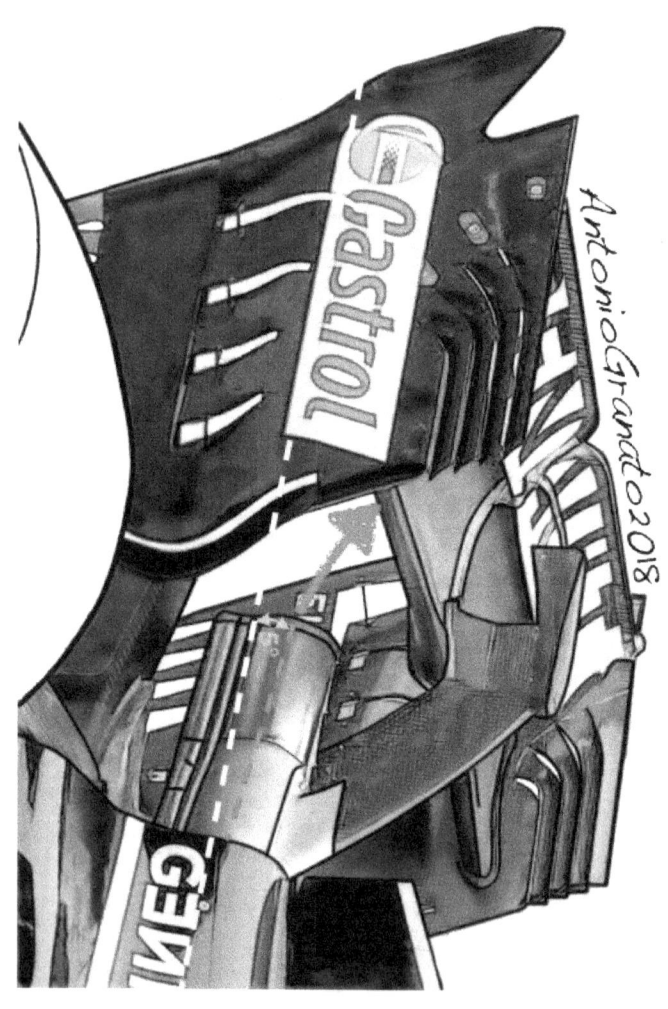

FORMULA 1 TECNICA 2018

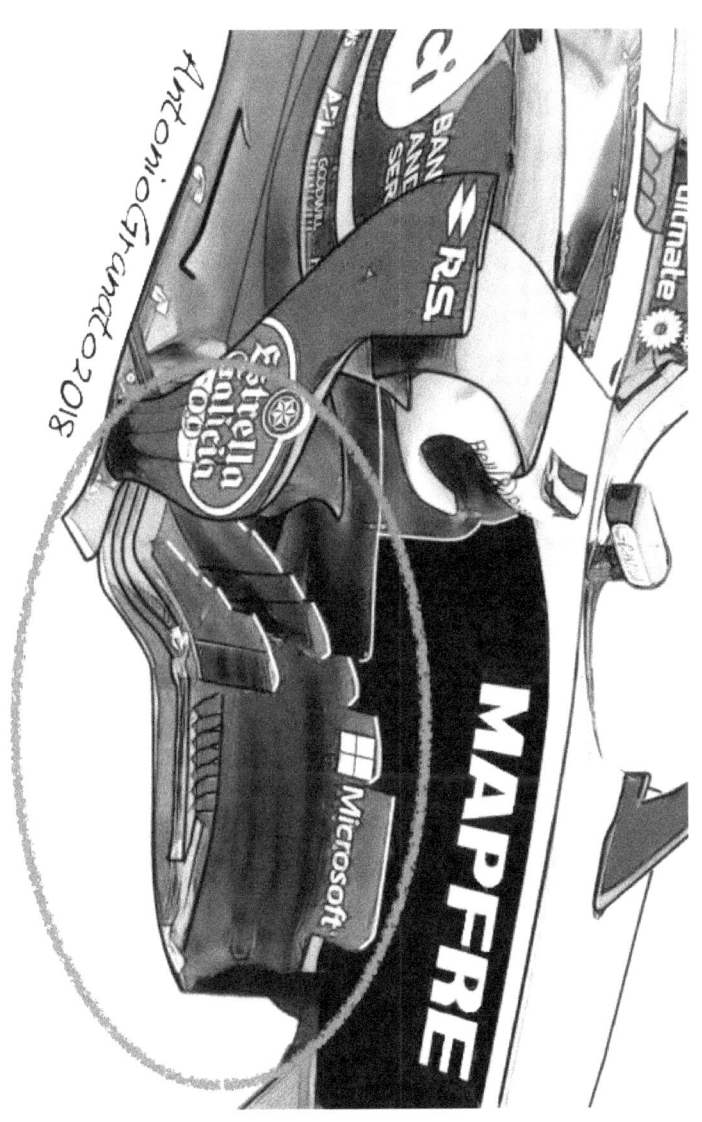

ANTONIO GRANATO

15 MANCANZA DI SORPASSI?

Ci si è sempre interrogati sulla mancanza o meno di sorpassi in F1. Ci sono state epoche in cui i sorpassi erano forse più di oggi, ma ci sono state anche epoche decisamente affascinanti in cui i sorpassi, come oggi, erano comunque pochi. Quali soluzioni migliorative però si possono adottare, cosa negli anni ha fatto variare il numero di sorpassi eseguibili in pista?

Si è arrivati ad impiegare anche ben 3 DRS zone in alcuni GP e questo a volte non è bastato a permettere ai piloti più veloci di trovare il sorpasso. Proprio pochi giorni fa anche Fernando Alonso ha parlato di come negli anni siano cambiate le difficoltà di sorpasso in Formula 1.

Sorpassare in Formula 1 è sempre stato difficile e lo stesso discorso vale per la guida in scia. Oggi non penso sia più difficile rispetto al 2004 o al 2005. Quelle vetture, almeno sul piano aerodinamico, erano complesse quasi quanto queste e restare in scia risultava assolutamente complicato". La situazione è diventata più semplice dal 2010 al 2016, ma da quando abbiamo introdotto questo nuovo concept si è tornato a molti anni fa. E' più difficile, ma fa parte del gioco,

Ma, quindi, cosa servirebbe a questa Formula 1 per vedere un numero di sorpassi più alto?

In passato si è provato con ali basse e larghe, poi si è passati, nel 2009, ad ali più alte e strette contemporaneamente ad una semplificazione delle linee delle vetture e ad un'opera di "bonifica" dalle mille alette e flap di cui erano state dotate in quegli anni e che aveva un pochino favorito le manovre di sorpasso. Ora si è tornati nuovamente ad ali posteriori basse e larghe e ad una sofisticazione aerodinamica estrema, tanto da rendere difficoltosa anche l'entrata e l'uscita nel cockpit del pilota. Tante variazioni ma con lo stesso risultato: pochi sorpassi in pista.

Se il pilota inseguitore entra nella scia della vettura che lo precede e se non possiede un passo gara più veloce di circa 1" rispetto all'avversario, il sorpasso diventa cosa ardua. D'altronde quando ci si trova in scia e durante la percorrenza di una curva viene a mancare l'impatto aerodinamico dell'aria sulle proprie ali, questo provoca un calo drastico del carico, che costringe il pilota, per tenere l'auto in pista, ad alzare leggermente il piede dall'acceleratore... Quando poi si esce dalla scia l'impatto dell'aria spostata all'esterno dall'ala anteriore della macchina che si segue è molto dannoso. Le auto oggi posseggono delle ali che danno vita ad un effetto spazzaneve che colpisce e danneggia chi attacca nel momento dell'uscita dalla scia.

Sicuramente le modifiche di regolamentari del 2017 che hanno portato all'incremento delle dimensioni delle ali, delle gomme e di carreggiata rendono ancor più difficile sorpassare perché messo in condizioni i team e i piloti di ridurre sensibilmente gli spazi di frenata. Disponendo infatti, di più carico e gomme più larghe i piloti possono contare su una frenata più efficace e quindi ritardarla ancor più di prima. Staccate quindi brevissime e migliori che concedono meno spazio e possibilità di errori ai piloti, sfavorendo quindi il sorpasso in queste condizioni.

Cosa servirebbe allora? Sicuramente delle vetture più semplici che generino meno turbolenze dannose, certamente queste non vengono create di proposito per disturbare chi segue, ma sono la conseguenza di una complessità aerodinamica che ha raggiunto, nuovamente, livelli molto elevati. Negli anni delle wing car, ad esempio, le turbolenze rilasciate dalle monoposto erano meno dannose per chi inseguiva grazie alla presenza delle minigonne che sigillavano il fondo impendendo la formazione delle vorticosità e la estrema riduzione delle ali. Vetture che, proprio perché dotate di un effetto suolo enorme, non risentivano neanche troppo dei disturbi aerodinamici sulle ali (l'ala anteriore a volte era rimossa) generando il carico per la maggior parte dal fondo vettura e dall'enorme tubo Venturi sotto di essa.

Della possibilità di un ritorno parziale dell'effetto suolo in Formula 1 in passato se ne era già parlato e si era paventata l'ipotesi di introdurre nel fondo delle canalizzazioni di dimensioni, ovviamente, contenute che potessero aumentare l'effetto Venturi. Sappiamo che la FIA sta studiando due modelli di vettura al CFD ed in galleria del vento, l'auspicio è che tra questi due modelli, almeno uno contenga l'ipotesi di ali più piccole e maggiore effetto suolo.

D'altronde la strada intrapresa dai team è proprio quella: generare carico con soluzioni nella zona bassa della vettura e risentire sempre meno dei disturbi delle scie. Nell'immagine sotto un esempio, il convogliatore di flusso Mercedes pensato proprio per migliorare lo scorrimento dei flussi sotto la monoposto e aumentare il carico generato dal corpo vettura.

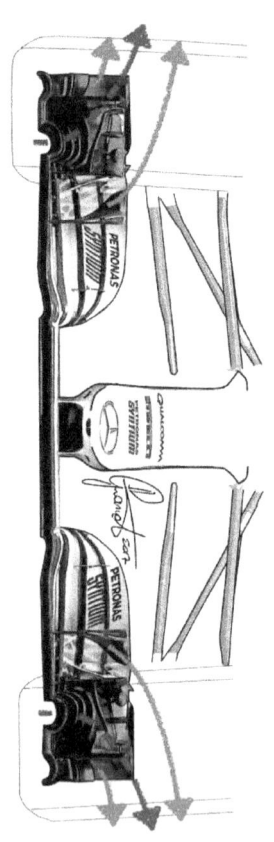

16 PESI E BILANCIAMENTO NEL 2019

Una delle grandi novità che il 2019 ci ha riservato è sicuramente quella che riguarda l'intervento regolamentare sul peso complessivo della vettura, ed in particolare sul peso del pilota. Fino al 2018 chi si calava in un cockpit di Formula 1 doveva sottostare a diete ferree, non certamente per questioni di spazio, ma per aiutare i tecnici ad ottenere la preziosissima zavorra da spostare sull'anteriore o posteriore della vettura in modo ottimizzarne il bilanciamento. Pochi kg ma che riescono a cambiare in modo consistente il comportamento di una monoposto. Con l'aggiunta dell'Halo, trovare kg da "spostare" è stato ancora più difficile e i piloti a loro volta ancor più pressati e stressati da diete inverosimili. La Fia finalmente è intervenuta, e con le modifiche che vi raccontiamo di seguito, ha messo fine a queste pratiche assurde che potevano mettere anche a rischio la sicurezza del pilota stesso.

Non è ancora iniziato il campionato del mondo 2018 che già si parla di proposte e modifiche che interesseranno il mondiale 2019.

Dopo l'ultima riunione dello Strategy Group si è decisa un'importante modifica al regolamento che porterà, in futuro, il peso minimo del pilota a 80kg. Questo non costringerà più i piloti a diete ferree imposte indirettamente dai loro tecnici progettisti, sempre alla ricerca disperata del chilo da "limare" in tutte le zone della vettura.

Cerchiamo di capire cosa, innanzitutto, si è deciso e perché i tecnici costringano i piloti a scendere di peso e a quali vantaggi porta l'utilizzo della zavorra.

Nel corso del 2018 vedremo, ancora, il fenomeno delle diete ferree in quanto, il regolamento attuale prevede che, qualora la vettura fosse sotto il peso minimo consentito, il team possa utilizzare delle zavorre da applicare liberamente all'anteriore o al posteriore, a secondo delle esigenze, anche se quest'anno, a causa del peso aggiuntivo dell'Halo, molti team avranno delle grosse difficoltà a ricavare del peso da utilizzare in questo senso. Seppur con difficoltà e vincoli stringenti, che obbligano le squadre a mantenere sempre un minimo di 333 Kg sull'asse anteriore e 393 Kg su quello posteriore, l'utilizzo della zavorra è sempre stato fondamentale perché permette di spostare sui due assi, nel migliore dei casi, 7 Kg di peso preziosissimo. (Vedi fig.1) La somma, infatti, dei due pesi minimi equivale a 726 Kg, mentre il peso minimo complessivo quest'anno, (pilota compreso), è di 733 Kg. Se fosse necessaria ancora più zavorra, a causa di una macchina estremamente leggera, questa sarebbe di fatto fissata all'anteriore e al posteriore per rispettare i due limiti minimi.

Perché questo peso è cosi prezioso? Fondamentalmente per due motivi: Il primo perché può fornire ai tecnici maggiore libertà di movimento in fase di sviluppo della vettura. Qualora vengano aggiornati dei nuovi componenti o aggiunti elementi aerodinamici con pesi differenti si potrebbe quindi rimanere in un certo margine di "movimento" e bilanciare la vettura in base alla nuova disposizione delle masse.

L'altra, ben più preziosa ed utile durante un week-end di gara, è quella che permette di spostare e cambiare il bilanciamento a secondo delle esigenze che il pilota e la conformazione del circuito richiedono.

Pochi Kg spostati lungo l'asse longitudinale della vettura possono cambiare sensibilmente il comportamento della monoposto, possono correggere il sovrasterzo o il sottosterzo, perfezionare la gestione della frenata. Centrare nel modo ottimale il giusto bilanciamento consente al pilota di avere un feeling migliore con la sua monoposto e permette quindi di ottenere prestazioni cronometriche decisamente migliori.

Ovviamente per favorire l'abbassamento del baricentro, le zavorre vengono montate sempre, nei punti della vettura più in basso possibile e minimizzare così il rollio in curva. Uno dei punti, all'anteriore, molto utilizzato per applicare la zavorra è nella zona neutra dell'ala anteriore o, in passato, anche all'interno delle paratie laterali dell'ala (vedi fig.2). Un'altra zona molto "gettonata" è quella del T-tray, sempre per agire sulla parte anteriore della vettura (vedi fig.3). Mentre per la zona posteriore spesso si applicano i pesi sotto gli elementi della trasmissione. (vedi fig.4)

Dal 2019, invece, qualora venisse confermata la proposta, il peso minimo della vettura salirà a 740 Kg, di cui 80 kg, minimo, dovranno essere "dedicati" al peso del pilota. Qualora il pilota non raggiunga il peso richiesto (è questo sarà la consuetudine) dovrà utilizzare delle zavorre che, in questo caso, dovranno essere montate esclusivamente appena sotto il sedile del pilota o nelle immediate vicinanze e non potranno essere utilizzate in nessun modo per cambiare il bilanciamento della vettura su i due assi. Questo ovviamente per impedire che nuovamente si torni alla ricerca del pilota sotto peso e dell'utilizzo della "sua" zavorra per scopi di bilanciamento e assetto.

FORMULA 1 TECNICA 2018

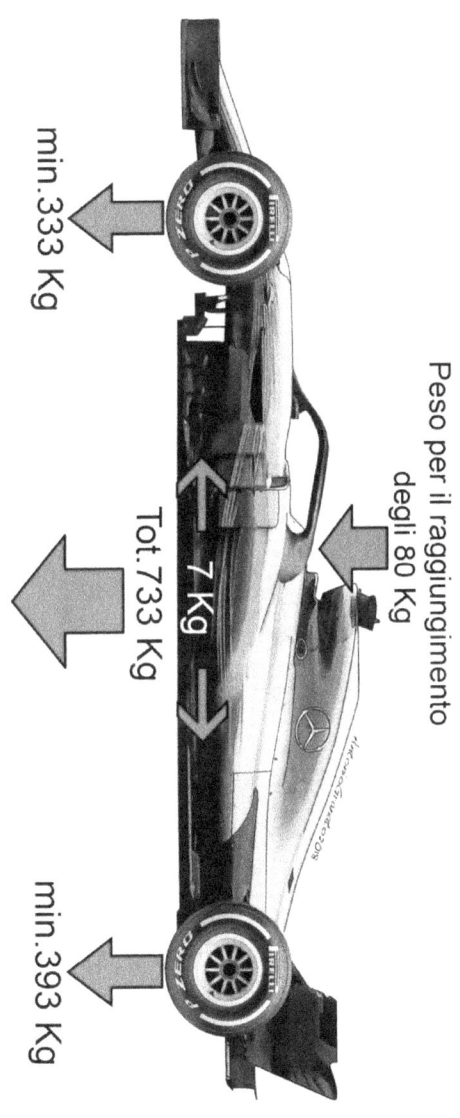

ANTONIO GRANATO

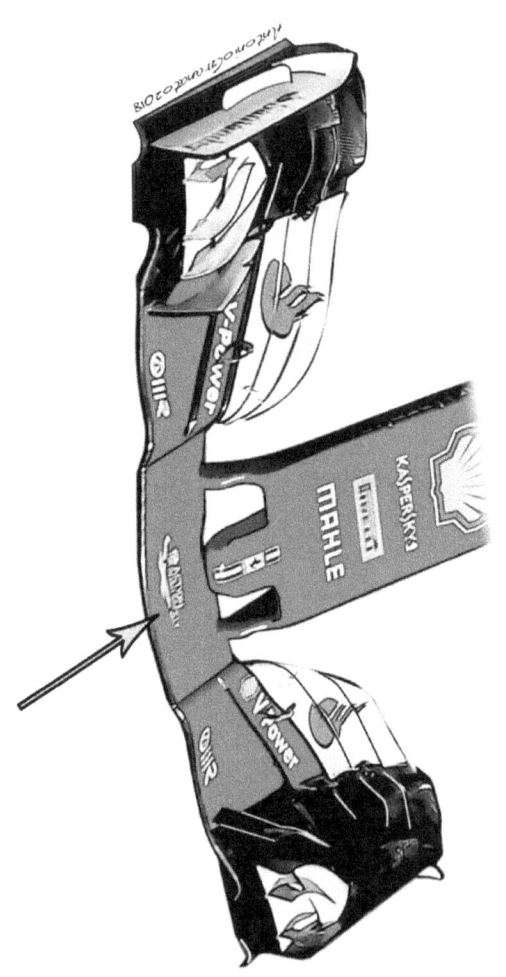

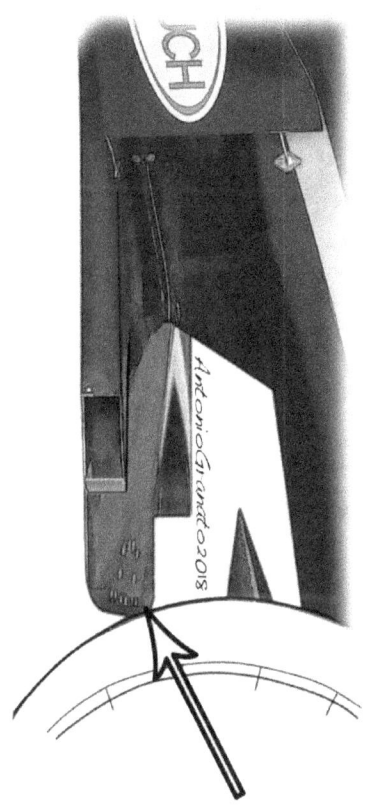

17 LE MODIFICHE TECNICHE DEL 2019

Come detto nei capitoli precedenti, nel 2019 avverrà l'ennesimo cambiamento regolamentare tecnico. La FIA ha proposto queste modifiche nell'intento di facilitare i sorpassi in pista e aumentare la capacità di una vettura di seguire da distanza più ravvicinata la macchina che la precede. Oltre però ad analizzare i possibili scenari che hanno portato a questi interventi, vediamo cosa, nelle specifico, cambierà e con quali conseguenze pratiche. Quanto poi questa ennesima modifica riuscirà a facilitare effettivamente i sorpassi bisognerà verificarlo in pista nella prossima stagione. Di dubbi però ne restano tanti e molti interrogativi erano stati sollevati già durante il 2018.

La Federazione Internazionale, ancora una volta, rivede i regolamenti tecnici e lo fa nuovamente allo scopo di rendere le macchine meno sensibili ai disturbi aerodinamici che si subiscono quando si è in scia ad un'altra vettura.

Le dimensioni delle ali, riviste già dalla stagione 2017, subiranno nuovamente delle modifiche ma, anche, delle auspicate semplificazioni.

Partendo dall'ala anteriore, questa verrà allargata ulteriormente arrivando ad una ampiezza massima di ben 2000 mm, arrecando, forse, qualche problema ai piloti nelle fasi di manovre ravvicinate.

Verrà aumentata anche l'altezza massima dell'ultimo elemento superiore dell'ala che potrà essere ancor più alto di prima 20mm in più rispetto all'attuale limite.

Maggiorazione resa necessaria per due motivi: garantire alla macchina il mantenimento in scia di un buon livello di carico aerodinamico, permettendole di rimanere vicino alla vettura che la precede anche durante i curvoni veloci e compensare anche la semplificazione dell'ala e l'eliminazione degli upper flap.

Un'ala meno sofisticata dovrebbe, infatti, secondo chi ha riscritto il regolamento tecnico, risentire meno delle turbolenze delle scie. A scomparire del tutto saranno poi quelle appendici aerodinamiche verticali che deviano i flussi all'esterno. Questo per non cosentire più di "spazzare" all'esterno troppa aria che andrebbe a penalizzare oltre modo chi, in fase di sorpasso, esce dalla scia. Oggi le vetture di F1 sono, infatti, come degli enormi spazza neve che deviano masse enormi di aria all'esterno e le macchine che tentano il sorpasso, affiancando chi precede, vengono letteralmente investite e frenate da questo flusso smisurato.

Sempre per diminuire il flusso esterno, verranno eliminati anche i profili aerodinamici posti all'interno delle gomme anteriori, vicino alle prese d'aria dei freni, e verrà vietato, per lo stesso motivo, il soffiaggio dell'aria attraverso il mozzo.

Proseguendo verso il posteriore, anche i deflettori laterali, ai lati del cockpit, saranno rivisti con una riduzione d'altezza di ben 15cm.

Altri interventi importanti, dal punto di vista dimensionale, riguarderanno anche l'ala posteriore. La Larghezza dell'ala passerà dagli attuali 950mm a 1050mm ma la novità principale riguarda le dimensioni dell'elemento mobile posteriore: il DRS. Dal prossimo anno avrà la possibilità di disporre di una corda maggiore - 20 mm in più – e di un angolo di apertura portato da 65mm a 85mm. Questo permetterà di abbattere maggiormente il drag (resistenza all'avanzamento) che dopo le modifiche apportate nel 2017 era aumentato sensibilmente a seguito delle maggiorazioni di carreggiata e delle dimensioni delle gomme.

Di fatto pur avendo allargato nel 2017 l'ala posteriore da 750mm a 950mm i progettisti hanno però dovuto ridurre la corda dell'ala mobile a causa – come richiesto dal regolamento – della maggiorazione del profilo principale fisso. Questo aveva mantenuto quasi invariata l'area/superficie che il DRS "libera" alla sua apertura rispetto all'anno precedente. Il guadagno, quindi, è stato quasi il medesimo mentre però il drag complessivo della vettura era aumentato sensibilmente a causa dell'allargamento della carreggiata della vettura e dell'aumento delle dimensioni delle gomme e dell'ala anteriore. Il rapporto, quindi, tra la diminuzione del drag guadagnato dall'apertura del DRS e il drag complessivo della vettura era minore rispetto a prima. Le modifiche che invece entreranno in vigore dal 2019 riporteranno presumibilmente i valori a quelli pre-2017.

Infine, dall'ala posteriore, verranno eliminati gli slot orizzontali sulle paratie laterali in modo da ridurre le turbolenze ed il disturbo aerodinamico della scia.

Nel 2019 arriverà pure una novità fondamentale per i piloti ma anche per i tecnici che riguarda il bilanciamento della vettura. Dal prossimo anno, infatti, il peso minimo della vettura salirà a 740 kg, dove il peso complessivo di pilota e zavorra (posizionata esattamente sotto il sedile del pilota) non dovrà mai essere inferiore agli 80kg. Invariato anche il bilanciamento della vettura che potrà essere di minimo 336,7kg sull'asse anteriore e 395,9kg su quello posteriore traducendosi nella possibilità di un movimento di poco più di 7 kg di zavorra da poter spostare tra asse anteriore e posteriore. Visto però il vincolo di peso pilota/zavorra di 80 kg, ora trovare il modo di scendere sotto il peso minimo e ricavare zavorra, preziosissima per le regolazioni di bilanciamento, diventerà ancora più arduo.

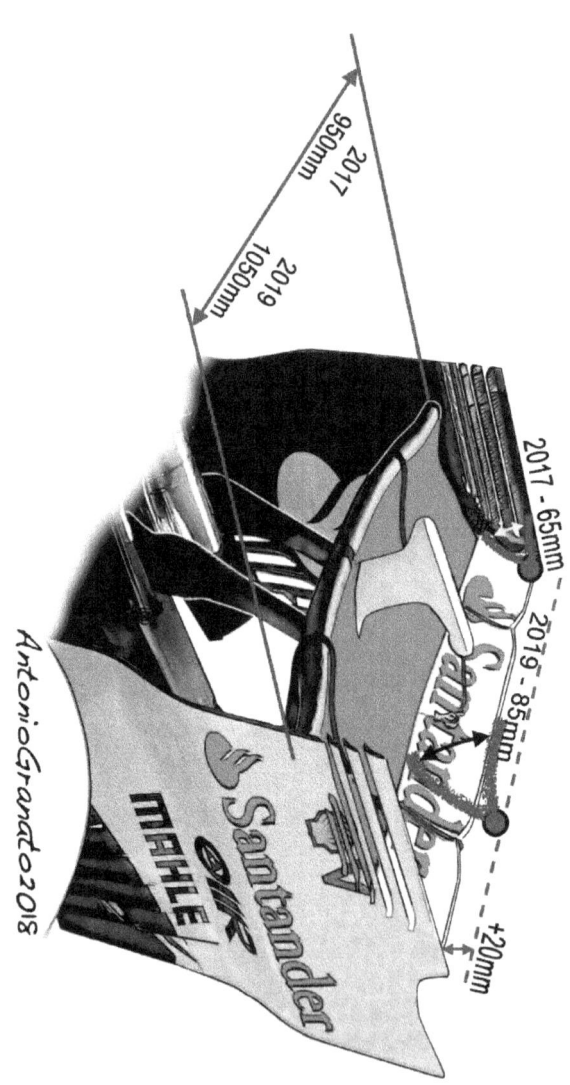

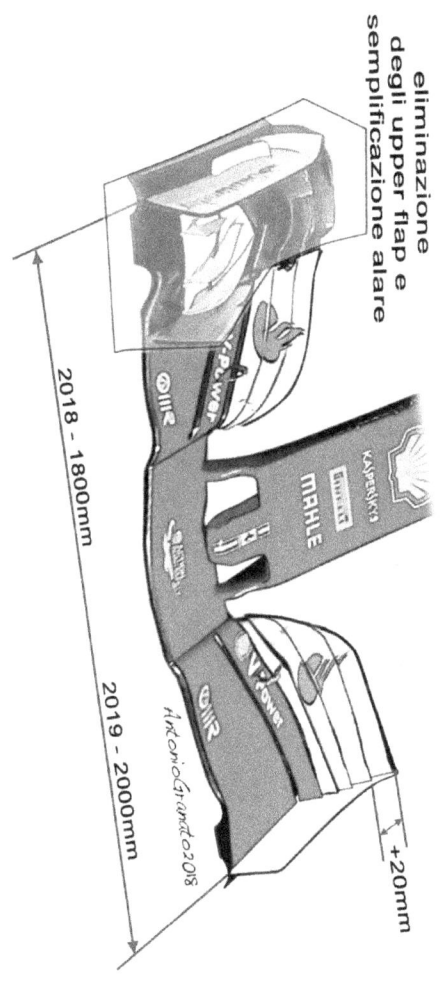

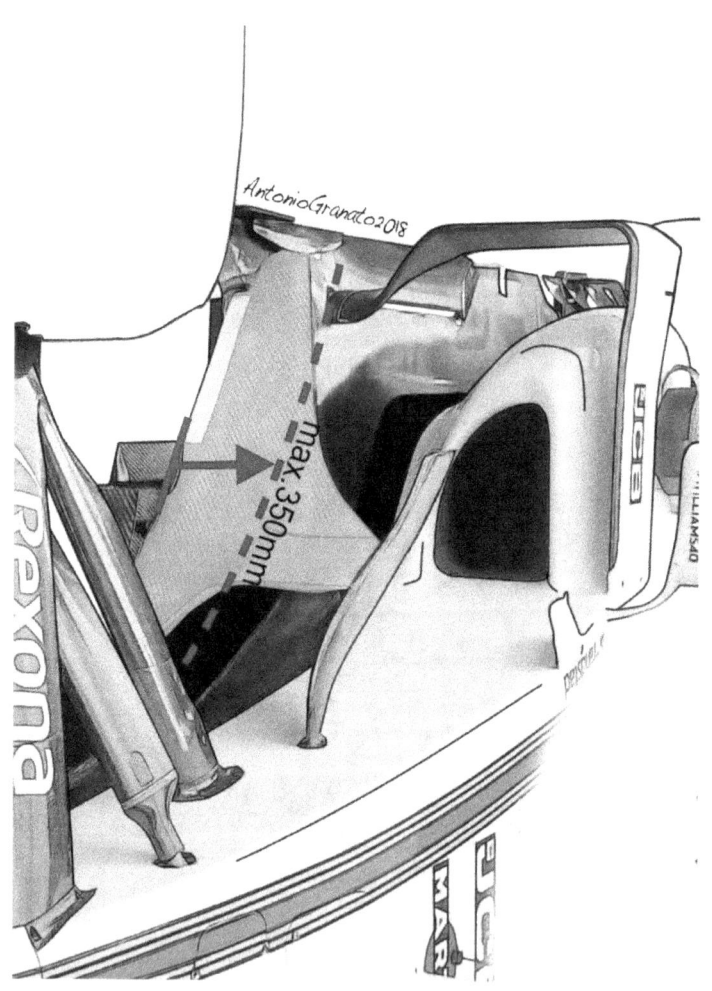

FORMULA 1 TECNICA 2018

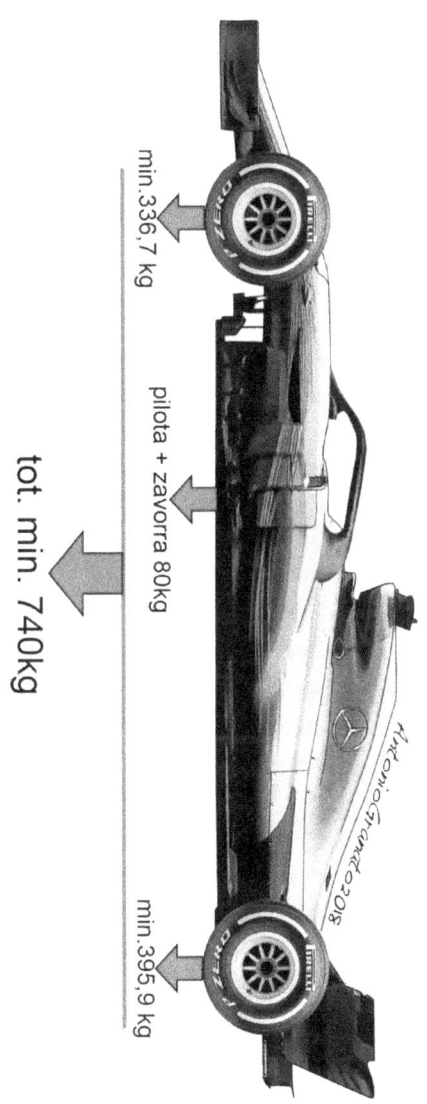

ANTONIO GRANATO

18 LE MODIFICHE AL DRS

A seguito delle variazioni dimensionali della ali, ad essere modificato sarà anche il DRS con degli interventi mirati a incrementare la sua efficacia nel momento dell'azionamento.

Già in altre occasioni abbiamo ribadito il concetto per cui il DRS, da dopo l'ultimo cambiamento regolamentare del 2017, abbia perso efficacia rispetto al passato.

Indubbiamente ancora oggi quando il pilota apre il DRS gode immediatamente di un vantaggio apprezzabile e una grossa riduzione del drag (resistenza all'avanzamento) che lo aiuta nelle manovre di sorpasso, ma questo vantaggio incide di meno rispetto a quanto riusciva ad incidere fino al 2016 compreso.

Di fatto pur avendo allargato l'ala posteriore da 750mm a 950mm (ben 20cm in più) i progettisti hanno però dovuto ridurre la corda dell'ala mobile maggiorando la corda, come richiesto dal regolamento, del profilo principale fisso. Questo ha mantenuto quasi invariata l'area/superficie che il DRS "libera" alla sua apertura. Il guadagno quindi è quasi lo stesso mentre però il drag complessivo della vettura è aumentato sensibilmente a causa dell'allargamento della carreggiata della vettura e dell'aumento delle dimensioni delle gomme e dell'ala anteriore. Il rapporto quindi tra la diminuzione del drag guadagnato dall'apertura del DRS e il drag complessivo della vettura è minore rispetto a prima.

Questo è stato compreso dalla Federazione (che certamente poteva capirlo già prima della stesura delle regole introdotto due anni fa) ed ora per il 2019 è stato previsto infatti una maggiorazione dell'elemento mobile dell'ala posteriore proprio per incrementare la sua efficacia in relazione al drag complessivo della vettura. Dalla prossima stagione questo infatti, potrà contare su un ampiezza di apertura maggiorata a 85mm contro i 65mm della stagione in corso e 'altezza del bordo d'uscita dell'ala mobile potrà essere portato alzato di ben 20mm rispetto alla posizione attuale.

Tutto ciò porterà quindi ad una maggiore efficacia di questo elemento che, seppur discusso, potrà favorire indubbiamente le manovre di sorpasso nel 2019. Resta invariato l'artificio che di fatto rende sempre svantaggiato chi si difende nei confronti di chi attacca... ma questo è un aspetto sportivo che al momento rimandiamo.

FORMULA 1 TECNICA 2018

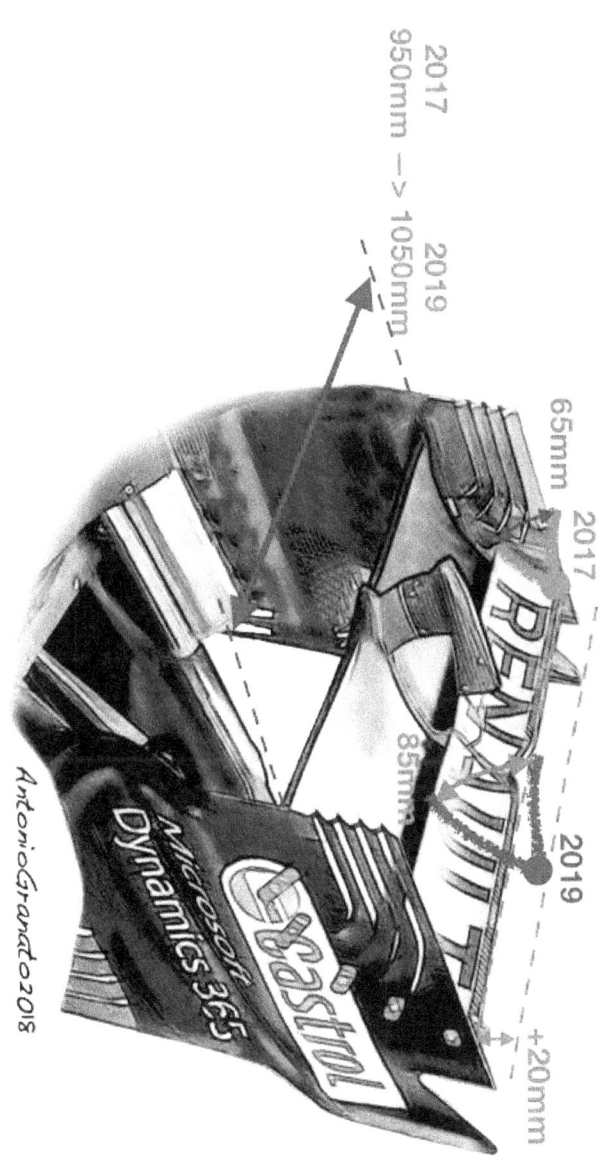

19 I CERCHI FORATI - PARTE 1 -

La soluzione che ha fatto decisamente discutere più di tutte è stata quella dei cerchioni forati della Mercedes. Una soluzione tecnica talmente al limite del regolamento da creare molte perplessità in Federazione, la quale ha gestito la cosa non in modo impeccabile, non fornendo ai team, entro la fine del campionato, una decisione chiara e risolutiva sulla questione.

La soluzione dei cerchi Mercedes dotati di fori di raffreddamento, tra le tante novità tecniche viste negli ultimi GP è sicuramente quella che ha più di tutte rubato la scena e destato l'interesse sia degli addetti ai lavori che degli appassionati.

La Mercedes avrebbe, infatti, trovato il modo di rendere più efficiente il sistema di smaltimento del calore dai cerchi posteriori grazie all'utilizzo di particolari canalizzazioni interne che permettono di mantenere le temperature della gomma nella corretta finestra d'utilizzo. Questo le permetterebbe, quindi, di limitare gli effetti di surriscaldamento e blistering di cui più volte quest'anno aveva sofferto.

Da una parte chi la reputa illegale, dall'altra chi fa dei distinguo, nel mezzo la Federazione che aveva dapprima - con una frase un po' ambigua - decretato la loro "illegalità limitata". Il dipartimento tecnico della FIA aveva poi confermato quanto deciso ad Austin, ovvero che la soluzione era legale, lasciando però poi ai commissari del GP del Messico la libertà di pronunciarsi ulteriormente. In Messico, quindi, è arrivata un'altra approvazione da parte dei commissari del singolo evento che precisano di limitare la loro decisione alla sola gara messicana. Insomma nessuno vuol mettere la parola fine alla disputa sollevata legittimamente dalla Ferrari e la Mercedes, intanto, per non correre rischi decide ugualmente di chiudere i fori.

Il punto cruciale di tutto sembra essere la capacità o meno di questa soluzione di avere una funzionalità aerodinamica e nel caso l'avesse, essendo un dispositivo mobile, sarebbe da ritenersi irregolare. Di fatto sia gli undici fori all'interno del cerchio, che i microfori posizionati sul distanziale di accoppiamento mozzo/gomma - Fig.1 - espellerebbero l'aria calda in eccesso attraverso una canalizzazione che sfocerebbe, con un ennesimo foro, nelle razze del cerchio Fig.2. La Ferrari aveva pertanto portato all'attenzione dei commissari la funzionalità aerodinamica del sistema che sfrutterebbe la rotazione del distanziale microforato fungendo così da dispositivo mobile a tutti gli effetti.

In Texas la Mercedes, per timore di incorrere in reclami, aveva chiuso con del silicone i fori e sostituito i distanziali microforati con quelli standard utilizzati fino a Monza - vedi Fig.1 - .

Non è chiaro se dietro questa scelta, in effetti, ci sia stato un intervento della Federazione, un ripensamento della Mercedes o come suggerito un agreement tra le parti.

Negli ingrandimenti del disegno è possibile vedere la soluzione del distanziale con e senza senza micro fori e come questo venga accoppiato al mozzo. Fig.1.

L'impressione è che tale soluzione sia stata pensata per avere il solo scopo di gestire il calore e non per altre funzioni aerodinamiche. Giuste però sono le recriminazioni della Ferrari che rivendica come in passato altre soluzioni (seppur chiaramente con scopi aerodinamici) siano state vietate perché sfruttano la rotazione del cerchio ottenendo una determinata influenza aerodinamica.

Per il momento la risposta dei commissari messicani è stata la seguente:
"Per determinare se i fori esercitano un'influenza aerodinamica, si deve considerare la loro dimensione, forma e funzione. I piccoli fori tendono ad avere principalmente una funzione di raffreddamento e, sebbene a volte consideriamo il raffreddamento come un aspetto che può avere influenze aerodinamiche, riteniamo che il raffreddamento di aree molto localizzate (come nel progetto Mercedes) possa essere accettabile"

Certo è che la Federazione dovrà arrivare ad una risposta definitiva sul caso Mercedes e sembra assurdo che a decidere su una questione così delicata sia il collegio dei commissari ad ogni singolo GP. Questo potrebbe aprire, in futuro, a scenari e sviluppi interessanti, portando i tecnici dei vari team a realizzare - basandosi su questo precedente - sistemi ancor più al limite del regolamento di quanto visto con la Mercedes.

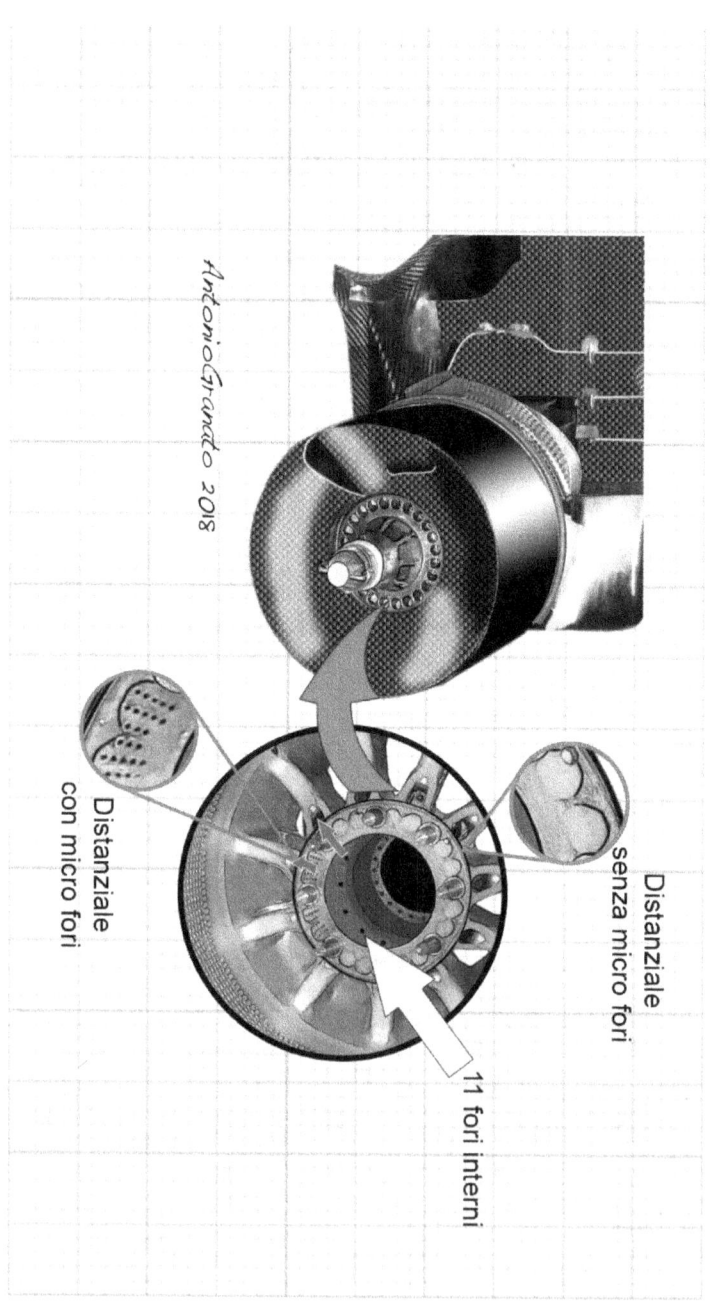

FORMULA 1 TECNICA 2018

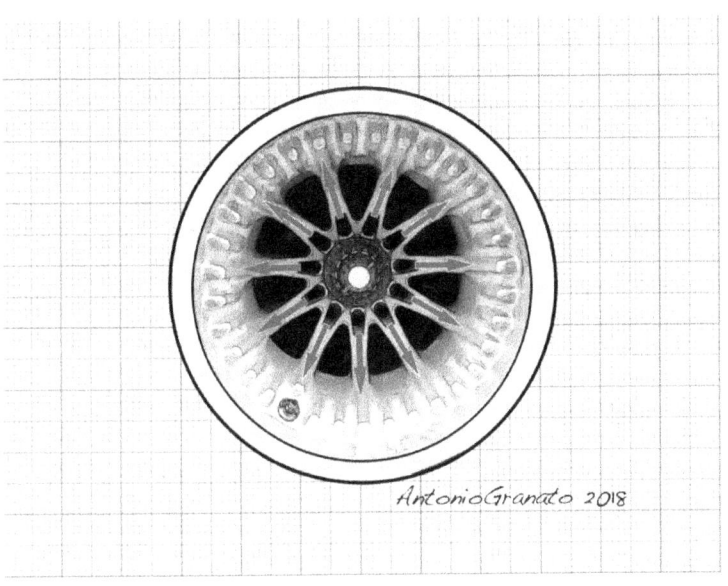

20 CERCHI FORATI - PARTE 2 -

I cerchi forati della Mercedes hanno fatto discutere molto. Le polemiche si sono protratte per molto tempo e non è mancato chi addirittura ha parlato di mondiale 2018 condizionato da tale scelta.

La FIA aveva espresso già il suo parere riguardo questa soluzione, definendola regolare e specificando che "*I piccoli fori tendono ad avere principalmente una funzione di raffreddamento e, sebbene a volte consideriamo il raffreddamento come un aspetto che può avere prestazioni aerodinamiche, riteniamo che il raffreddamento di aree molto localizzate (come nel progetto Mercedes) possa essere accettabile…*" come riportato qui: https://www.f1sport.it/2018/10/f1-cerchi-mercedes-dichiarati-legali-in-messico/

Per avvalorare la teoria del campionato "viziato" dall'uso di questo dispositivo alcuni *"influencer"* televisivi, infatti, hanno più volte ripetuto come la chiusura dei tanto discussi fori nel GP degli USA e in quello del Messico, avesse messo in difficoltà la Mercedes con la gestione delle gomme. Questo quindi dimostrerebbe – sempre secondo questi "influecer" – come la Mercedes fosse stata aiutata, nella conquista del titolo piloti, dall'utilizzo di un dispositivo, per loro, irregolare.

Va però specificato che se in Texas la Mercedes ha sofferto un'usura eccessiva dei pneumatici e fenomeni gravosi di blistering, in Messico, invece, ciò che ha afflitto la

Mercedes, e non solo lei, è un fenomeno di graining. Fenomeni diversi che s'innescano in condizioni di temperature diverse. L'ottimo Ing. Bruno infatti, nella diretta di TV8, ha spiegato come il dispositivo studiato dalla Mercedes smaltirebbe il calore in eccesso e quindi aiuterebbe a limitare ed impedire il fenomeno di blistering ma che nulla aveva a che fare con il fenomeno del graining che invece s'innesta quando le gomme sono troppo fredde. Per assurdo, aggiungiamo, che con i fori aperti la Mercedes avrebbe avuto anche problemi peggiori in Messico!

Dello stesso parere anche l'Ing. Scalabroni che un tweet che riportiamo sotto ha scritto: "mancanza di temperatura nei pneumatici"

Principalmente il graining si genera quando la macchina non ha sufficiente Total DWF, specialmente quando si deve correre in un circuito d' alta quota come è il caso del circuito di Mexico. Mancanza di DWF, mancanza di temperatura nei pneumatici = Mancanza di grip meccanico !

Ma veniamo anche a come questo dispositivo funzionerebbe e che effetti avrebbe sulla gestione delle temperature delle gomme

Come è possibile vedere nella Fig.1 sotto il cerchione posteriore sarebbe stato dotato di un distanziale che si accoppierebbe con il cestello dei freni e con la serie di fori su di esso presente. Attraverso i micro fori, evidenziati nell'ingrandimento, i flussi provenienti da esso verrebbero espulsi attraverso delle piccole canalizzazioni che sfocerebbero nelle razze del cerchio – vedi frecce azzurre fig.1 e fig.2. Stessa cosa farebbero gli undici fori – indicati dalla freccia gialla in fig. 1 – che raccoglierebbero i flussi più interni e anch'essi espellerebbero il calore raccolto attraverso i fori nelle razze.

Un sistema quindi che eliminerebbe il calore in eccesso e non influisce e non limita il dannoso fenomeno del graining. Possiamo quindi con certezza affermare che, quanto accaduto in Messico alla Mercedes, nulla ha a che vedere con l'utilizzo o meno di questa soluzione.

Un ulteriore elemento che va, infatti, evidenziato è come, secondo più fonti, a Singapore la Mercedes non avrebbe aperto i fori della "discordia" e comunque , come visto , ha dato vita ad una prestazione ottima in gara.

ANTONIO GRANATO

21 FONDI SPERIMENTALI 2019

Il particolare fondo apparso brevemente sulla SF71H prima negli Stati Uniti poi nuovamente in Messico ha destato molto interesse ed ha sollevato anche molti interrogativi. La Red Bull non appena vista la soluzione ideata dalla Ferrari l'ha velocemente "copiata" in modo grossolano, provandola ma accantonandola poi in modo, forse, un po' troppo sbrigativo.

Un esperimento, quello del fondo, effettuato per ricavare informazioni utili sul comportamento dei flussi in determinate condizioni da riportare sul progetto della monoposto 2019. Perché provare una soluzione così particolare - un fondo sul cui bordo sono stati installati molteplici profili verticali – cosa si stava cercando di simulare?

Sappiamo come già detto che il prossimo anno le ali, delle attuali monoposto, subiranno delle pesanti modifiche. Scompariranno, infatti, tutte gli elementi addizionali al profilo principale dell'ala anteriore e saranno ridotti d'altezza anche i deviatori laterali (barge board).

Tutti questi elementi, che verranno rimossi, garantivano alle monoposto dotate di assetto rake, che i flussi fossero tenuti distanti dal corpo vettura scongiurando, quindi, la possibilità che questi potessero finire sotto il fondo molto alto al posteriore.

Per trovare soluzioni a questo problema la Ferrari ha testato questo fondo, per il momento sperimentale, cercando di trovare un'alternativa che possa garantire l'utilizzo di un alto angolo di rake anche senza i particolari deviatori nella zona anteriore della vettura.

Dotandolo, infatti, di profili verticali sul bordo, si tenta di deviare i flussi lontano dalla zona di depressione sottostante ed impedire che l'aria, ai lati della vettura, possa inserirsi sotto il fondo facendolo stallare. Fondo, come detto, per il momento solo sperimentale, portato in pista al solo scopo di raccogliere dati e informazioni – utili in galleria del vento per studiare i flussi intorno alla vettura 2019 – e che, è bene ricordarlo, non era stato portato in pista per essere poi utilizzato in qualifica e in gara sulla vettura 2018.

Non a caso i due team, che hanno dato vita a questo test con il fondo "sperimentale" sono stati proprio Ferrari e Red Bull, ovvero le squadre che utilizzano angoli di "rake" molto accentuati per massimizzare i benefici ottenibili. Questo particolare assetto, ricordiamo, ha la capacità di diminuire, alle alte velocità, l'incidenza alare al posteriore grazie all'abbassamento del retrotreno sotto l'effetto del grosso carico aerodinamico generato sia dal fondo che dall'ala. Questa drastica diminuzione di carico al posteriore rende però la vettura sovrasterzante, problema che viene evitato grazie alla contemporanea diminuzione di carico anche dell'ala anteriore che, torcendosi lungo il proprio asse, provoca la diminuzione della sua incidenza alare. Torsione che viene favorita sulle attuali ali a freccia, proprio da tutta quella serie di profili aerodinamici che saranno proibiti nel 2019.

FORMULA 1 TECNICA 2018

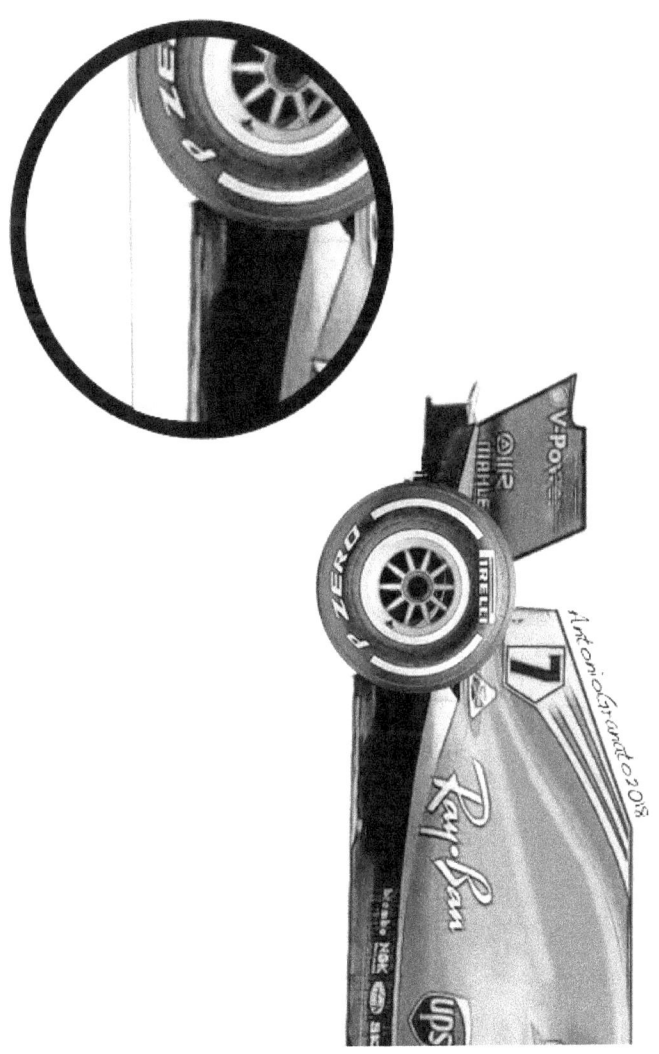

INFORMAZIONI SULL'AUTORE

Antonio Granato nasce a Roma il 02/05/1977. Attratto dai motori e dal mondo dell'aeronautica sin da giovanissimo. Dopo gli studi tecnici e la specializzazione Meccanica, comincia a lavorare per una compagnia aerea nel settore della Manutenzione.

Dopo varie collaborazioni per siti web specializzati sul mondo della Formula 1, nel 2013 crea F1Sport.it e nello stesso anno comincia a collaborare con Fabiano Vandone nella ricerca degli aggiornamenti tecnici delle vetture durante i vari GP.

Nel 2014 comincia a collaborare con Sky Sport F1 per il quale ha curato analisi e approfondimenti tecnici sulle monoposto dei vari team.

Nel 2014 pubblica Aeroplani e Formula 1 libro in cui evidenzia i vari elementi di contatto tra il mondo aeronautico e la massima serie automobilistica.

Dal 2015 IlFattoQuotidiano.it gli assegna un blog personale dove condivide analisi tecniche e sportive dei principali fatti di gara.

Nello stesso anno è autore e conduttore del programma radiofonico Pit Talk, dedicato interamente alla Formula 1 e dove ospita ogni settimana i principali opinionisti ed ex addetti ai lavori del Circus della Formula 1.

Dal 2017 inizia a collaborare con Autosprint redigendo articoli di analisi tecnica e disegni illustrativi ed esplicativi delle principali novità tecniche.

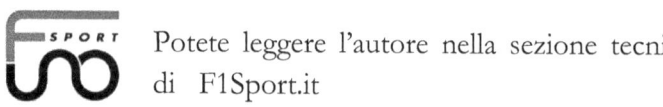 Potete leggere l'autore nella sezione tecnica di F1Sport.it

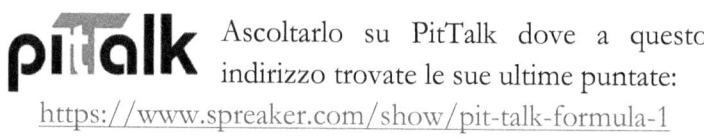 Ascoltarlo su PitTalk dove a questo indirizzo trovate le sue ultime puntate:
https://www.spreaker.com/show/pit-talk-formula-1

Potete anche trovarlo sul Blog de IlfattoQuotidiano.it e leggerlo sullo storico settimanale automobilistico Autosprint.

Infine potete contattarlo attraverso Twitter: @antoniogranato o alla mail:

antonio.granato@f1sport.it

www.ingramcontent.com/pod-product-compliance
Lightning Source LLC
Chambersburg PA
CBHW071551220526
45469CB00003B/979